《领导力21法则》、《领导力黄金法则》
世界级领导力大师麦克斯韦尔博士力

赢在今天

12个每日实践确保你明天的成功

[美] 约翰·麦克斯韦尔 John Maxwell 著

宋欣涛 赖伟雄 译

TODAY
MATTERS

中国社会科学出版社

图书在版编目（CIP）数据

赢在今天 /（美）麦克斯韦尔著；宋欣涛、赖伟雄译. —北京：中国社会科学出版社，2011.5

书名原文：Today Matters

ISBN 978－7－5004－9868－1

Ⅰ.①赢… Ⅱ.①麦…②宋…③赖… Ⅲ.①成功心理—通俗读物 Ⅳ.①B848.4－49

中国版本图书馆 CIP 数据核字（2011）第 097923 号

Copyright © 2006 by John C. Maxwell
This edition published by arrangement with Warner Books, Inc., New York, New York, USA.
All rights reserved.

版权贸易合同登记号　图字：01－2005－3708

责任编辑	路卫军
特约编辑	盖 克
审　　译	刘庆乐　段 珩
责任校对	石春梅
封面设计	久品轩
技术编辑	王 超

出版发行	中国社会科学出版社		
社　　址	北京鼓楼西大街甲 158 号	邮 编	100720
电　　话	010－84029450（邮购）	传 真	010－84017153
网　　址	http://www.csspw.cn		
经　　销	新华书店		
印刷装订	三河市君旺印装厂		
版　　次	2011 年 5 月第 1 版	印 次	2011 年 5 月第 1 次印刷
开　　本	710×1000　1/16		
印　　张	14.5		
字　　数	223 千字		
定　　价	32.00 元		

凡购买中国社会科学出版社图书，如有质量问题请与发行部联系调换
版权所有　侵权必究

就在今天

就在今天，我将选择和展现正确的态度。
就在今天，我将确定并根据优先次序来行事。
就在今天，我将知道并遵循健康指南。
就在今天，我将与家人交流并关心他们。
就在今天，我将实践并培养良好的思考。
就在今天，我将做出并信守正确的承诺。
就在今天，我将赚取并合理管理财务。
就在今天，我将加深并活出信仰。
就在今天，我将开始和投资于稳固的人际关系。
就在今天，我将规划并示范慷慨。
就在今天，我将信奉并实践良好的价值观。
就在今天，我将寻求并经历成长。

就在今天，我将按照这些决定行事，实践每条准则，然后将来某一天，我将看到好好活出每一天的复合成果。

目录

第 一 章	今天往往支离破碎——哪些是丢失的碎片？	1
第 二 章	让今天成为一部杰作	13
第 三 章	今天的态度赋予我可能性	29
第 四 章	今天的优先次序赋予我专注	47
第 五 章	今天的健康赋予我力量	63
第 六 章	今天的家庭赋予我稳定	81
第 七 章	今天的思考赋予我优势	99
第 八 章	今天的承诺赋予我坚韧	117
第 九 章	今天的财务给予我选择	133
第 十 章	今天的信仰赋予我安宁	149
第十一章	今天的人际关系赋予我满足感	163
第十二章	今天的慷慨给予我人生的意义	179
第十三章	今天的价值观给予我方向	193
第十四章	今天的成长给予我潜力	207
结　　论	让今天赢	223

第一章

今天往往支离破碎
——哪些是丢失的碎片？

几周前，我在地下室的旧书盒里寻找一些适合我外孙们的读物时，翻出一本我和妻子玛格丽特小时候常常给我女儿伊丽莎白读的书。这本名为《亚历山大的糟糕、可怕、坏透的一天》的书，是由茱迪斯·维尔斯特写的，讲述了一个小男孩的日子变成碎片的故事。故事是这样开头的：

> 我昨晚睡觉时嘴里嚼着口香糖，现在口香糖黏到了我的头发上，早上我起床时又被滑板绊倒在地……我估计到，这一天将会糟糕、可怕、坏透的！

从此以后，亚历山大的这一天过得越来越糟糕，他本来该去上学，却不得不去看牙医，还必须陪妈妈买衣服。他的一天过得很痛苦，甚至连家里的猫都跟他作对。

哪些是丢失的碎片？

孩子们总是喜欢维尔斯特的书。我想大人们读到小亚历山大暴跳如雷的抱怨时，也会和孩子们听故事同样觉得有趣。但是假设你的一天也像亚历山大那样，可就不好过了。谁希望自己的一天充满障碍、痛苦、挫折，路上每一次转弯似乎都让事情更糟糕？

我们可能不愿意承认，当这天来临时，我们往往也会像亚历山大一样。我们可能不会醒来时头发上黏有口香糖，或者感觉家人和朋友想和我们作对，但是我们的日子往往支离破碎。结果，日子似乎就很糟糕。

你是否经常感觉自己一天过得很好？对你来说，这种日子是很常见，还是罕有的例外？你如何评价自己的一天？到现在为止，你今天过得好吗？还是不那么妙？或许你直到现在还没考虑这个问题。如果我让你用 1 到 10 分给今天打分（10 分为完美的一天），你可能连如何打分都不知道吧？你基于什么标准打分？是按照自己的感觉，还是检查一下你今天必做的日程表中完成了几件事情？你会按照跟自己所爱的人共度时间的长短给自己的一天打分吗？你如何定义你的今天是否成功？

今天对明天的成功有何影响？

每个人都想过好一天，但是很少有人知道过得好的一天应该是什么样，更不用说如何创造这样的一天了。而能够明白，今天如何过，将会影响明天的人，就更少了。为什么呢？问题根源在于大多数人错误理解成功。如果我们对成功的看法是错误的，我们对待自己每一天的方式也会是错误的。结果，今天就变成了碎片。

让我们来看看关于成功，通常有哪些误解以及随之而来的反应：

我们相信成功是不可能的——所以我们批评它

伟大的美国心理学家斯科特·派克的畅销书《少有人走的道路》就以"人生苦难重重"这句话开头。接下来他说："大部分人却不愿正视它。在他们看来，似乎人生本该既舒适又顺利。他们不是怨天尤人，就是抱怨自己生而不幸。他们总是哀叹无数麻烦、压力、困难、与其为伴，他们认为自己是世界上最不幸的人。"因为我们愿意相信生活应该容易，我们有时想当然认为、难做到的事情就是不可能的。当成功从我们手中溜走，我们习惯于挥挥衣袖，认为成功可望而不可即。

然后我们就开始批评成功，说："谁想获得成功来着！"如果某个我们认为不如自己的人获得了成功，我们就火冒三丈。

我们相信成功是神秘的——所以我们探索它

如果成功离开我们的手，而我们还没完全放弃，我们往往将其视为一个巨大的奥秘。我们相信，为了成功，我们要做的就是找到能够解决所有问题的神奇公式、银弹或金匙。所以每年有如此多的食谱书出现在畅销书榜上，如此多的管理时尚在企业办公室里大行其道。

问题在于，我们不想付出代价就想获得成功的回报。《允许型营销》一书的作者西斯·哥丁（Seth Godin），最近写到商界中的这个问题。他相信企业领导者正在频繁地寻求快速解决公司问题的方法，但是他告诫道："欲速则不达。"

高第说："你不可能通过几个星期的高强度训练，就获得奥运会金牌。商业世界里没有所谓的'歌剧院式的一夜成功'。伟大的企业，不会是一夜之间冒出来的。每一家伟大的企业，每一个伟大的品牌，每一个伟大的事业，都是以同样的方式来建成的，那就是，一点一点地，一步一步地，一小块一小块地。成功绝对没有奇妙的办法。"通向成功没有什么魔法。

我们相信成功来自运气——所以我们祈祷它

我们经常听见有人用诸如"他只是在正确的时候、处在正确的位置上而已"之类的话，来解释别人的成功。这是个神话，就像一夜成功的想法一样。运气导致成功的概率，跟赢彩票差不多——五千万分之一。

我们时常会听说某个好莱坞明星原本是百货店店员、却被发掘出来；或者某个运动员被职业球队相中，这种故事令我们兴奋。我们会想，这真是运气。要是发生在我身上该多好！但这是极其罕见的例子。在这种情况下成功的人背后，往往有成千上万打拼数年谋求机会的人，还有更多人努力多年却仍未成功。对待成功，不懈努力比祈祷更管用。

我们相信成功来自勤奋——所以我们勤奋工作

我曾经看到一个小公司里贴着这样一个标志：

57条成功法则

第一条，交货；

第二条，其他56条都不重要。

努力工作并获得成果会令人感到很有成就感；许多人看重这种感觉并将此定义为成功。美国前总统西奥多·罗斯福认为："有机会为值得做的事情而努力，无疑就是人生赋予的最佳奖赏。"

但是，将努力工作视为成功，只是一面之词。难道没有工作的日子就不成功了吗？难道那些退休的人就不成功了吗？而且，事实并非总是如此。事业心强确实是个令人钦佩的美德，但独自努力工作并不会带来成功。有许多人努力工作却从未成功。有些人投入所有精力，却走进了死胡同。有些人工作过于努力，以至于忽视了重要的人际关系，损害了自己的健康或者灯枯油尽。工作不努力的人无法成功，但努力工作与成功之间却不能画等号。

我们相信成功来自机会——所以我们等待它

许多非常努力却依然没有成功的人，相信他们所需要的就差一个突破而已。他们的座右铭总是以"只要"开头：只要我的老板放手让我去做……只要我能获得提升……只要我有启动资金……只要我的孩子们能够乖点……那么人生就完美了。

事实是，除了等待什么也不做的人，就算机会来了也抓不住。正如著名篮球教练约翰·伍德所说："**机会来时，再做准备就晚了。**"那些获得升职、拿到本钱或达成任何愿望的人，倘若他们没有做好成功所必需的准备工作，这些机会从长期来看，也不会对他们的人生产生任何改变。

而且，人性善变。那些我们相信能够解决我们的问题，或使我们开心的东西，并不是一成不变的。正如我八岁时心想，"要是我有辆新自行车就好了"。圣诞节来临时，我得到了一辆崭新的自行车，上面还带着铃铛和哨子。我爱死它了——热情只是持续了一个月。机会可能会助人一臂之力，但不会保证成功。

我们相信成功来自于杠杆——所以我们争取它

有些人将成功与权力联系在一起。许多人将这一成功和权力论进一步延伸，认为成功的人就是利用他人达到自己的目标。这些人为了达到自己的目的，千方百计地利用或压倒别人。他们以为自己能够强行获取成功。

伊拉克独裁者萨达姆就是采取了强权、操纵和残酷手段而发家。他谋杀对手，通过军事政变摇身一变成为副总统。但他并不满足于当副总统，一下子掌控了权力，而成为总统。

几十年来，他用酷刑、压迫和谋杀维持自己的权力。他幻想成为中东英雄，一统江山。但是正如所有利用和滥用权力的人一样，无论是狂妄的公司总裁还是血腥的独裁者，他最终失败了。权力，无论被多么无情地操控，都丝毫无法保证成功。

我们相信成功源于人际关系——所以我们编织它

你认为什么对你达到人生目标更重要：是你知道什么，还是你认识谁？如果你认为答案是后者，那么你或许就相信成功源于人际关系。

人际关系至上者以为，若是他们出身于一个正确的家庭，早就成功了；或者只要遇到伯乐，他们的命运就会瞬间改变。但是这些想法却不尽然。具备人际关系固然很好，遇到伯乐也有好处。但是单凭人际关系，一个不争气的人并不能就此改变命运，也不能保证成功。倘若如此的话，每个成功商人的孩子早就成功了，每个美国总统的后代也会非常成功。众所周知，情况并非如此。没人能够单凭人际关系就能够成功，除非他原先就具备过人之处。

我们相信成功源于认可——所以我们追求它

你所处的行业里，是否有表明你成功的标准吗？如果你被《财富》杂志认可为国际象棋之王，或者橄榄球联赛冠军，你的同侪是否会敬仰你？如果你荣获年度优秀教师称号，或者某个知名大学的荣誉博士学位，这是否意味着成功？或许你暗自梦想有朝一日能获得奥斯卡金像奖、格莱美奖或者埃美金像奖？你是否幻想过自己接受普利策奖、费尔茨数学奖或诺贝尔奖的情形？每个行业或职业都有自己的认可方式。你是否正在努力获得自己行业的认可？

法国是美食家乐土，厨师们可在此获得最高的荣誉。美食业最高的一项认可标志，就是该饭店能在米歇林指南手册上获得三星评价。如今，全法国只有 25 家饭店获此殊荣，其中之一就是波纳德·罗素先生在勃艮第（法国东南部地名，盛产红葡萄酒）地区创办的"彼岸"饭馆。

几十年来，大厨师罗素先生致力于创建最完美的饭馆，以荣获米歇林指南最高评价而著称。他不知疲倦地工作。即使要获得二星评价都非易事，而罗素先生早在 1981 年就得到了二星。此后他更加努力，力求把菜单上的每道菜都做到完美。他改进了饭馆的服务水准，并且贷款 500 万美元以改进设备。1991 年，他终于荣获三星评价，达到了极少数人才能企及的成就。

有一次他说："我们卖的是梦想。我们是销售快乐的商人。"但是，他在业内得到的认可无法令他感到快乐。2003 年春天，他在一个午餐后开枪自杀了，没有事先警告任何人，没有留下任何遗言。有人说他是因为在另一本饭馆指南中的等级从 19 跌到了 17（20 为最高级）而心灰意冷，也有人说他是抑郁症发作。总之没有人知道他为何自杀，但是可以肯定的是，他所获得的业内赞誉对他来说还不够。

我们相信成功是一个事件——所以我们规划它

三十多年来，我在各个活动和会议上演讲，帮助他人更成功，成为更好的领导人。但我深知某个活动对一个人一生的影响毕竟有限，我时常提醒我的听众这种影响的局限性。这些活动更容易使听众获得激励和勇气，并且促使我们做出重要决定去改变自己，甚至能够提供知识和途径让我们起步。但是，真正可持续的改变，并非瞬间发生，它是个过程。对这一点的理解，促使我写书和制作录音教材，为那些决定改变的人提供工具，在某个活动之后促进这个过程。

1996年，我创办了名叫"装备"（EQUIP）的非营利组织，目标是培训和装备100万海外领导人。我们没有单纯地走过场，举办某个活动，然后消失。我们运用三年策略，把书和教程翻译成本地语言。第一次教学活动后，我们给参加培训的领导者分发书和磁带，让他们继续学习。教学团队每隔半年回到当地，教授更多技巧，跟进这些领导者的培训情况。

不要误会。活动是有益的，只要我们明白，它能为我们做到什么，不能做到什么。我要鼓励大家参加各种改变你人生的活动，只是不要期待这些活动能够立刻使你成功。成长源于做出决定并且持之以恒。这也正是本书所要阐明的。

今天至关重要

成功人士通过专注于今天而创造成功。这听起来有点陈词滥调，但是今天是你唯一拥有的时间。**昨天已经过去，我们又无法依赖明天，所以我们要赢在今天。**大多数时候我们却忽视了这一点。为什么呢？因为……

我们夸大昨天

当我们回顾过去，曾经的成败往往看起来比实际影响要大。有些人始终无法跨越自己以往的成就：大学篮球明星或选美皇后们总是放不下自己的辉煌时代，在以后20年里，总拿过往成绩给自己定位；获得一项发明专利的人，从此靠这专利费为生；某个销售员获得年度最佳销售员后，连续五年处于销售低谷，因为他宁愿花更多时间思念自己的巅峰时代，而不是努力再次创造新的高度。

你或许听过有句老话——"人越老，过去就越辉煌"。这是个奇怪的现象：有些人高中时体育成绩极其平庸，年过三十后，忽然坚信自己高中时体育很出色；毫无建树的普通商人到了四十岁时，却以为自己过去若有机会，就能当华尔街大亨。几乎过去错过的每个机会，现在看来都成了无法追回的黄金。

有些人就用过去负面经历塑造了他们的余生。每次被拒绝、失败和受伤时，过去的负面经历就涌上心头，将他们推进感情死角。

多年来我在书桌上放着一个铭牌，帮我正确看待昨天。它只是这样一句话："昨天于昨晚就结束了。"这提醒我，无论过去我失败得多惨，都已经结束。今天是新的一天。同理，无论过去我获得什么成就或奖赏，对我今天做的事情都没有直接影响。我也不会就此以为自己已经踏上成功之路。

我们高估了明天

你对未来态度如何？你对未来有何期待？你认为自己的未来更好还是更糟？回答以下有关你对将来两三年的期待的问题：

1. 你期待自己的年薪涨还是跌？　　　　　　　　　　　涨/跌
2. 你期待自己的资产净值增加还是减少？　　　　　　　增加/减少
3. 你期待自己的机会更多还是更少？　　　　　　　　　更多/更少
4. 你期待自己的婚姻（或最重要的人际关系）更好还是更糟？
　　　　　　　　　　　　　　　　　　　　　　　　　更好/更糟
5. 你期待自己的朋友更多还是更少？　　　　　　　　　更多/更少
6. 你期待自己的信念更强还是更弱？　　　　　　　　　更强/更弱
7. 你期待自己的健康更好还是更糟？　　　　　　　　　更好/更糟

如果像大多数人一样，你会说，你期待将来更好。让我再问你一个问题：你为什么这样想呢？你的期待除了模糊地希望自己的生活更好之外，还有什么其他基础吗？对于大多数人来说，这种期待只是基于一种模糊的希望。许多人只是估计明天应该会更好，而没有使明天更好的策略。实际上，有些人今天感觉越糟糕，就会越夸大明天会更好的程度。他们有中彩票的思维模式。

普利策获奖者、记者威廉姆·艾伦·怀特说："无数人没能为今天而活。他们终其一生追寻将来，而完全错过了今天把握中的东西，因为他们只对未来感兴趣……等他们发现的时候，未来已经成为过去。"期待美好的未来，却不投资于今天，犹如农夫不播种、空等收成。

我们低估了今天

你是否问过某个人，他在做什么，得到的回答是："哦，我只是在打发时间"？这个人或许也可以说："我正在浪费人生"或"我正在谋杀自己"。本杰明·富兰克林认为，时间就是"组成生命的材料"。今天是唯一我们能掌握的时间，然而许多人却让它从指缝中溜走。他们完全没有意识到今天的价值或潜力。

丢失的碎片找到了！

如果我们想在有生之年有所成就，就必须把握今天。这也是明天成功所在。但是如何赢得今天，而不是让它变得支离破碎呢？丢失的碎片就在这里：成功的秘诀由你每日的日程表决定。

你是否希望让你的每天……

- 充满可能？
- 保持专注？
- 健康良好？
- 表现稳定？
- 取得优势？
- 拥有毅力？

- 有所选择？
- 感受平静？
- 感觉满足？
- 获得意义？
- 学习成长？

这是否会让今天变成美好的一天呢？

一切在于你今天做什么。当我谈到你的每日"日程表"时，并不是指你的每天"要做事宜表"，也并非要你采取一种特殊的日历或电脑程序来管理时间。我着眼于更大的事情。我希望你能拥有一种可能是全新的人生观。

一次性做出决定，然后每日管理

人的一生仅仅需要做几个重要的决定，这是否令你惊讶？大多数人将人生复杂化，为了做决定而伤透脑筋。我总是尽可能地保持简单。我将大决定分解为12件事情。一旦我做了决定，就确保自己持之以恒。

如果你在关键领域做了一锤定音的决定，然后每天管理这些决定，你就可以创造你所向往的明天。成功人士早早作出正确的决定，然后每天管理这些决定。你越早做出正确决定，管理得越久，你就越成功。那些忽视做决定、并好好管理决定的人，往往会怀着痛苦和后悔回顾人生——无论他们有多少才华，或者拥有多少机会。

最终后悔

这样的经典例子就是奥斯卡·王尔德。作为诗人、剧作家、小说家兼评论家，王尔德是个有无穷潜力的人。他生于1854年，在英国最好的学校受教育，获得奖学金。他精于希腊文，在圣三一学院学习时获得金奖。他被授予纽迪吉特奖（牛津大学设立的诗歌奖），并被誉为牛津"伟大人物之首"。他的剧作广受欢迎，从中获利不少。他是伦敦才华横溢的名流。《英国名流》杂志作家卡伦·肯尼称王尔德为莎士比亚之后"我们最引以为傲的作家"。

但是王尔德的晚年却破产了，生活悲惨。他恣意妄为的生活方式令他深陷囹圄。在狱中，他反省自己的人生，这样写道：

  我必须对自己承认，是我自己毁了自己。我是心甘情愿地这么说。人，无论伟大还是渺小，除了你自己，没有人能把你毁掉。尽管别人可能现在不这么认为，但我还要这么说。这是我毫不留情地对自己发出的指控。尽管世界对我很糟糕，但我对自己所做的一切更过分。

  在我这个时代里，我是文学艺术的一个象征性人物。从我青年时代的开始我自己就已经认识到这一点，随后我也努力使这个时代的人们认识到这一点。很少有人能在有生之年达到这样的地位，获得如此的社会承认。通常人们对此类人物的承认即使有，也都是在这些人物及其所处的时代逝去很久之后，由后世的历史学家或评论家作出的。但我却不同。我自己感觉到这一点，并且使其他人也感觉到这一点。拜伦也是一个象征性的人物，但他的影响却取决于他那个时代对浪漫派的喜好。而我的影响却与更崇高、持久、核心的价值联系在一起，影响范围更广。

  上苍已经赐予我几乎一切，但我却沉湎于毫无意义的声色犬马之中。我为自己成为浪荡子、花花公子和时尚人物而洋洋自得。我与更渺小的灵魂、更卑贱的头脑为伍。我肆意挥霍自己的才华，浪费青春令我感到新奇的喜悦。我厌倦了高高在上，有意滑落深渊追寻新的刺激。思想领域里的悖论令我在感情领域里为所欲为。欲望最终成为一种病态，一种疯狂，抑或兼而有之。我变得不关心他人死活，只求如何无休止地享乐。我忘记了，每个平凡日子里每个细小的行动都在塑造或毁灭性格,而一个人在僻静角落所做的事情总有一天会被广泛宣扬。我不再控制自己,不再掌控自己的灵魂,甚至不了解自己。我让享乐占据自己,最终身败名裂。彻底的羞耻是我现在唯一的东西。

当王尔德看到忽视每一天给他带来的后果时,已经太晚了。他失去了家庭、财富、自尊和生活的意愿,46岁时就在穷困潦倒中死去。

我相信每个人都有能力影响自己的人生结果,要做的就是把握今天。富兰克林说过:"**一个今天抵得上两个明天;我正在成为明天的样子。**"你可以把今天变成美好的一天。实际上,你可以令今天成为杰作。这正是下一章的主题。

第二章

让今天成为一部杰作

你如何描述你的生活？你是否正在实现渴望的目标？或正在完成那些对你重要的事情？你觉得自己成功吗？你的前途如何？

如果让我来到你家中，与你共处一日，我就知道你能否取得成功。你任选一天，让我与你同时起床，一起度过这一天，观察你24个小时，我就可以了解你未来的生活如何发展。

当我在大会上这样说的时候，听众们总是反应强烈。一些人对此表示惊讶，一些人则表现出防备，认为我会对他们轻易做出判断。少数人觉得我很自负，对我反唇相讥。其余的人则表示好奇，想知道我这么说的原因。

今天的好处

答案就在前一章中。成功的奥秘是由你每天的日程表决定的。如果你做出一些重要决定，并且每天很好地实施它们，你将获得成功。

你的生活将永远无法发生改变，除非你改变每天所做的事情。成功不会某一天突然降落在某人身上，失败也一样。这是一个过程。你生命的每天，都在为第二天作准备。你今天所做的事情，造就你的未来。换句话说……

你正在为一些事情做准备

你今天的生活方式，正在为明天做准备。问题是，你在准备什么呢？准备成功，或是失败？当我长大的时候，父亲曾经对我说："你可以现在付出代价，以后享乐；或者现在享乐，以后再付出代价。无论怎样，你都要付出代价。"意思就是，你今天可以享乐，为所欲为，不把这些当回事，但如果这样做了，你今后的生活将会更艰难。但是，如果现在就更努力工作，你在未来将会取得收获。

有一个关于一只蚂蚁和一只蚱蜢的古老故事。在整个夏秋两季，蚂蚁都在为囤积食物而忙碌。同时，蚱蜢整个夏天都在玩耍。寒冬来临时，蚂蚁开始在家中休息，享受生活了。它已为此刻的享受付出了代价。但是之前享乐的蚱蜢，现在要为此付出代价了。它在寒风中忍受饥饿，因为它一直在为失败做准备，而不是成功。它并不了解，善用今天是为明天作出充分准备的唯一方式。

我"今天付出，明天享受"的做法是收集那些引语和构思。我17岁的时候，就知道，我将成为一名牧师。我了解到，这意味着我未来生命中的每个星期，都要用来为人们写作和演说。如果你得在一年中授课一百多场、并为此准备讲稿，你就会明白，要为听众们带来新鲜内容是多么困难了。

从1964年起，我开始在阅读的时候、留意为演讲和讲道搜集好的引语、想法和例子。一旦发现任何题材的好材料，我就将它们剪下来，按照主题归类收集起来。40年来，我一直这样做。

这么做有趣吗？不一定。它是单调乏味的。它有用吗？当然！我办公室里收集数千条引语的1200卷文档就是证明。每当我需要准备一篇讲稿，或撰写某一章节时，我不再需要花费大量时间寻找高质量素材，而只要花几分钟时间翻开文档，就可以找到过去收集的那些出色的引语和故事。我把阅读和收集当做每天付出的代价，从而使明天更美好。这就是为成功做准备的方法。

今天的准备为明天树立信心

我总是把今天看做是对未来的准备,让它为我明天的成功铺平道路。这种想法的好处之一是树立信心。当你在学校的时候,是否因为学习出色,可以径直走进考场,绝对相信自己可以在考试中获得好成绩?或者,你是否曾经一遍遍练习唱歌或投篮,以确保在关键时刻能很好地发挥?

如果你时刻记住,赢在今天,你就可以同样将这种信心带到每天的生活中。当你投资于今天,就像是存款一样,或像是为了明天的考试而复习。这样你就能在面对生活的挑战时、做好充分准备。

今天的准备带来明天的成功

不久前,我曾与哈佛大学经济学教授,《领导变革》的作者约翰·考特闲聊。当时我们正在为一场面向商界人士的演讲做准备,我向他提到"赢在今天"的想法。他回应说:"**大多数人并不主导自己的生活,他们只是接受生活。**"我同意他的说法。

不幸的是,许多人选择了一种被动的生活态度。他们对生活被动做出反应,而不是采取主动的态度。但生活并非预演,你没有第二次机会把今天重过!我相信,生活态度是每个人的选择。如果你主动,你就会专心准备;如果你被动回应,你最终不得不把精力消耗在修修补补上。

做好准备	修修补补
让你专注于今天	让你专注于昨天
提高效率	浪费时间
增强信心	令人气馁
节省费用	增加费用
今天为明天付出	今天为昨天付出
把你带到更高水平	成为进步的障碍

要想成为一个有准备者，请注意19世纪英国首相本杰明·迪斯雷利的建议。他说："成功的秘诀就是，当机会来临时，你已经做好准备迎接它。"

一部杰作的构成

2003年2月，我实现了一个一生的梦想。我有幸与我的偶像、著名篮球教练约翰·伍登共处一段时光。我将在后文更详细地描述细节。伍登说过一句话，对于应该如何把握今天，提供了我们苦苦寻觅的答案。他多次忠告他的队员们，让每一天都成为一部杰作：

> 当我担任篮球教练时，我敦促我的队员们在每一天都付出最大努力，让训练成为一部杰作。太多的时候，我们被一些超出我们控制范围的事情分心。你对昨天无能为力，过去的大门已紧闭，钥匙已被丢弃。你对明天也不能做什么，它还没有到来。然而，明天在很大程度上取决于你今天的所为。所以，让今天成为一部杰作……这个道理在生活中比在篮球运动中更为重要。你必须让你自己每天进步一点点，经过一段时间，你就会取得很大的进步。那个时候，你才能接近成为最棒的你！

让今天成为一部杰作，这个想法多么吸引人啊！问题是，怎样做呢？需要付出什么呢？我认为，让每一天成为一部杰作，需要两个必备因素：决定和习惯。它们就像一个硬币的正反面。你可以称它们为"订立目标"和"达成目标"，彼此密不可分，失去一个另一个就会毫无价值。我这样说是因为：

好的决定 — 每日自律 ＝ 无回报的计划

每日自律 — 好的决定 ＝ 无回报的枷锁

好的决定 ＋ 每日自律 ＝ 一部潜在杰作

时间是一位机会均等的雇主，但我们对待时间的方式却并不相同。时间就像是一块大理石，把它交给平庸者，它还是大理石。但如果把它交给一位能工巧匠，会发生什么呢？匠人通过艺术家的眼睛看着这块石头。他首先决定将它雕刻成什么，接着施展手艺，将一块毫无生气的石头做成一部杰作。我相信你我都能像那位匠人一样，成为生活的能工巧匠。

今天的好决定将为你带来更好的明天

好决定将有助于创造更好的明天，这是不言而喻的。然而，许多人似乎不能理解，他们糟糕的决定会导致他们无法实现成功。一些人做出选择，得到消极的结果，还纳闷为何无法取得进展。他们怎么也想不通。另一些人知道自己做出的选择可能并不好，但依然如此选择，就如同一直过量饮酒的酗酒者，或者陷入泛滥感情的人一样。

没有人说过，好决定总是简单的，但它们对于成功是必需的。圣母玛丽亚大学前校长西奥多·海斯博格提醒大家：

> 不要因为做决定简单而做决定；
> 不要因为做决定便宜而做决定；
> 不要因为做决定受欢迎而做决定；
> 只有因为这些决定正确，才做这样的决定。

当你决心去做出好决定时，你就开始了创造更好生活的过程。但仅此而已是不够的，你必须知道要做出什么决定；我为此做了大量的思考，与许多成功人士讨论过，将造就成功的这些重要方面归纳为12条，我称它们为"每天12事"：

1. 态度：每天选择并展现正确的态度；
2. 优先次序：每天确定并按照优先次序来行事；
3. 健康：每天明白并遵循健康自律；
4. 家庭：每天关爱你的家庭，与家庭成员交流；

5. 思考：每天练习并养成良好的思考习惯；

6. 承诺：每天做出并履行正确的承诺；

7. 财务：每天赚取并管理好你的财务；

8. 信仰：每天加深并活出自己的信仰；

9. 人际关系：每天发展新的并巩固现有人际关系；

10. 慷慨：每天计划并实践慷慨；

11. 价值观：每天信奉并实践良好的价值观；

12. 成长：每天寻求经历进步。

如果你通过在各方面做出正确决定来实践上述 12 条，并每日管理这些决定，你就能获得成功。

在继续说下去之前，我要作一些澄清：请不要为了这份长长的清单而苦恼。我并不是想往你每天的日程表中加入额外的 12 件事情。我建议各位花一些时间思考这些方面，并在每个方面做出一个重要、一生的决定。你只需一次性地解决问题，而不必每天把事情挂在身上。有两个理由可以证明这是个好主意：

1. 避免做出情绪化的决定：我们常常在情绪激动的时候做出决定。一不小心，我们就会根据某种暂时情形、或者根据情绪、而不是根据价值观，做出改变一生的决定。如果我们在必须做出重要决定之前、就已经做出决定，就可以避免在被情绪控制而做出决定。这样，我们就更可能做出全面的决定。

2. 可以更轻松地掌握生活：如果你已经做出了生命的重要决定，你只需要根据这些决定去处理自身的事情。例如，如果你发现自己嗜赌成性，为此浪费了大量金钱，当你决定戒赌，你要做的，就是在戒赌的方向上控制好自己。那意味着不去赛马场，不去拉斯维加斯，而可以玩一些健康的扑克游戏。当你做出这些重大决定后，你基本上不必再去重新做出决定。

最成功的人士总是那些早早就将重要事情确定下来、并每天付诸实施的人。越早把你生命的重要事情确定下来，你成功的潜力就越大。

今天的好习惯为你带来更好的明天

成功的第一要素是做出好决定，但如果没有好习惯相伴，将毫无价值可言。让我们正视事实：人人都希望身材苗条，但没人愿意节食；人人都希望长寿，但没多少人愿意做运动；人人都希望致富，但没多少人愿意辛勤工作。成功人士克服了自身感受，养成习惯去做失败者不愿意做的事情。**成功需要把握两个关键点：开始与完成。决定让我们开始，习惯帮助我们完成。**

大多数人都想躲避痛苦，而习惯常常是痛苦的。但我们应该认识到，在我们的日常行为中，存在着两种痛苦。一种是自律的痛苦，一种是遗憾的痛苦。许多人逃避自律的痛苦，他们觉得逃避自律是很容易的。他们没有意识到，自律的痛苦是暂时的，却能带来长远的回报。

一方面，如果我们决定去保持健康，却迟迟不运动，我们确实逃避了半小时的不适，却产生了负罪感，因为我们知道我们违反了这个正确决定。然后，我们开始后悔没有运动。久而久之，我们将为之付出代价。

另一方面，如果我们养成每天运动 30 分钟的习惯，我们一整天都会感觉良好。这很合算。只需要 30 分钟的努力，就换来了 16 小时的积极情绪。如果持之以恒，我们还将获得健康，拯救并延长我们的生命。当我们让自己去承受自律的痛苦，回报是巨大的，也会带来更多机会。但是，如果一再打破自己的习惯，我们不但无法获得更多的机会，遗憾也随之而来。

我的父母将我培养成一个自律的人，我对此非常感激。他们的做法之一就是通过家务劳动来教育我。每星期天，父亲都会给我一个写满一周家务活的清单。其中一些需要在某一天完成，比如在前一天晚上得把垃圾放在门外；另一些则可以在我愿意的时候去做，只要保证在下周六中午前完成即可。起初，我总是尽可能拖延它们，直到有一次我没能在限定时间内清理地下室。那天中午，全家坐上车去游泳了。当我带着毛巾到达目的地时，父亲问我："约翰，你清扫地下室了吗？"

我支吾了一会儿，最后还是承认了："没有，父亲。"我脑筋转得很快,"但我游完泳回家就会清理的"。

父亲看着我,温和而坚定地说:"这不是你承诺的那样。你整个星期都在玩,却没有完成家务。现在我们要去游泳,你得留在家里清扫地下室。对不起,儿子,这是规矩。"

当我的兄弟姐妹们都在游泳玩耍时,我在气味难闻的地下室里工作了一个下午。从此以后,我做事不再拖延。我不想再错过玩耍的乐趣。有人曾经定义"困难的工作"说,困难的工作是那些你应该去做、却不愿做的简单事情积累起来形成的。当我做事不再拖延以后,我发现这些事情做起来也不是那么困难。而且我很快发现,越快完成工作,我这一周就过得越快乐。

迈向成功的第一步

在生活中做出改变,最困难的是起步,无论是身体强化训练课、个人成长规划、节食或是戒烟。由于我们脑海里已经存在那么多不去迈出第一步的理由,让我鼓励你一下,给你一些令人信服的理由这样做吧:

几年前我去印度,有机会参观印度著名民族主义领袖圣雄甘地的故居。他的家已被建成一座纪念馆,收藏了他的一些个人物品和藏品。纪念馆同样传播着他的很多哲学思想。我读到他的一句名言,让我印象深刻:"**要改变世界,必须先改变自己。**"多么经典的一句话!我们常常希望改变世界,但是与其谈论别人应该做出的改变,不如卷起袖子自己先做起来更容易一些!

如果你希望身边的人——你的爱人、孩子、朋友或是员工做出某种改变,你就应该树立一个改变自我的榜样。当你这样做时:

——你会收获经验、信心、诚信和影响力。

——你会对自己感到满意。

——在你给予别人之前,你必须有东西可以给予。

在我职业生涯早期，我开始艰难地学习这些道理。那时，我常常试图促使别人向前进。今天，我通过树立榜样的方式引导人们前行。

早日起步

古话说得好，诺亚并没有等待他的船来，他自己造了一艘！如果你采取一种积极主动的态度去改变你的人生，而且早早开始这样做，你成功的几率就会提升。而且，你未来的人生中会有更多选择。

田纳西州大学篮球教练帕特·萨米特是我非常赞赏的人之一，她加入了篮球名人堂，她执教的球队已获得6次美国全国大学生体育协会冠军。作为一名教练，她赢得了八百余场比赛。在各种级别的教练中，能取得这种成绩的屈指可数。她是如何做到的呢？当然，首先，她真的很优秀！如果没有天才和动力，没有人能够取得如此多的胜利。但她成功的另一个秘诀在于，她从26岁起就开始了努力。

如果你已经阅读了前面几章，你就会了解我的个人经历，以及我如何做出每一个决定，来完成"每天12事"中每一项内容。我把这些与你共享，因为我希望充实这一过程，让你知道我正试图活出我写下的这些原则。而且，我会让你看到我痛苦挣扎的时候——我并不愿意表现得很完美。但你同样会发现，我非常幸运地在人生早期阶段便做出了很多这方面的决定。

　　少年时——4个决定
　　20—30岁——5个决定
　　30—40岁——2个决定
　　50—60岁——1个决定

越早做出这些决定，并且持之以恒地执行，它们带给你的人生的复合效应就越显著。同样的事情也会发生在你的身上！

如果你正值青春年华，你就拥有上了年纪的人所没有的优势。你越早起步，成功的可能性就越大。就像是在百米赛跑中抢跑一样，你的表现会超过那些比你更有天赋更加努力的对手。

从小决定做起

变化越大,就越吓人。这就是我建议从小决定做起的原因。每个人都相信,迈出一小步是可以做到的;这令人振奋。当你做出一个小决定,并且取得了成功,你就会相信你可以迈出下一步;况且,你无法在没有完成第一步的时候迈出下一步,对吗?这同样有助于你分清优先次序,集中精力。但我有一个建议,当你准备好开始时,别去想象实现最终目标需要多大的投入,把注意力集中在你即将迈出的这一步上。

现在就开始

我的朋友、《不灭的赤焰》的作者迪克·彼格斯说过,"人生最大的鸿沟,就是知与行之间的距离"。说到底,我们都知道,想要改变,想要进步,必须现在着手开始。但有些时候,我们会犹豫。这就是莫林·菲尔肯所说的,"大多数人一开始就失败了"。

你可能有 100 万个现在不做出决定的理由。但是在内心,没有一个理由能够让你不去改变、成长和成功。在未来一个月、一年或五年时间里,你可能只有一个遗憾——没有现在就做出决定。赢在今天。你度过今朝的方式,确实会改变你的人生。但你必须做出的第一个决定就是:开始这么做。

如何使这些决定在你的人生中成为现实

《花生》的作者、漫画家查尔斯·舒尔茨曾妙言:"如果人们每天只担忧一次,生活就容易多了。"事实却是,如果在人生的重要方面做出决定、并很好地贯彻它们,你其实不必去为那些日子担忧。你可能已经注意到,这本书有一章涉及"每天 12 事"的 12 个重要方面。当你读完这些章节后,按照以下要求来做,开始让今天成为一部杰作:

回顾那些决定，问问自己："我已经做出了其中的哪些好决定？"

毫无疑问，你一定已经在书中谈到的许多重要方面做出了决定。有些决定你做出了却不自知，还有一些决定你可能也曾仔细考虑过，你甚至可能在某个时候将某些决定写下来。让我们从辨别和认识这些你已经迈出的积极步骤开始，在每个章节结束的时候，我都会提醒你这么做。

确定那些你仍须做出的决定

还有一些方面，你至今仍未考虑过。当你读一些章节时，你甚至可能发现，有些决定你以为自己已经做出了，实际上并没有。别灰心丧气，应该认识到你需要做出改变。如果某个方面没有出现在你的"雷达网"上，你就无法在这方面取得进步。

选出一个这样的决定，在本周内就做出它

面临改变时，只有三种人：
1. 不知道该做什么；
2. 知道该做什么，但就是不做；
3. 知道该做什么，并把它做下去。

写这本书的目的，就是帮助你成为上面第三种人。

我试图把本书写得很全面，让那些从未注意过这 12 个方面的人们能够掌握解决问题的手段，获得成功。然而，这样做的风险之一是，书中包含太多内容，使你一次选择太多的方向。建议你专注于一个方面，去取得最大发展。记住，当你需要做出人生大决定时，决定一旦做出，你就不必做第二次了。

明白每个决定背后的自律

大多数人在了解问题后，都能做出好决定，但人的品格和毅力将决定，决定做出之后如何发展。为了帮助你在每个重要方面跟进你的决

定,我在这里推荐一些自律,以便你可以把握好人生的这些决定。

当你这样做的时候,记住,虽然决定可以很快做出,但在生活中养成习惯去贯彻它们却没那么容易。如果你在过去生活中不是很自律的人,你就需要更多时间来完成。如果你本身就是一个高度自律的人,你就会发现,形成这些新的习惯会容易得多。生活中某个方面养成的良好习惯,也将延伸到别的方面。

重复这个过程,直到你完全掌握"每天12事"

当你做出一个重要决定,并开始养成习惯去执行它,就可以做出下一个决定了。这正是我的做法。我必须承认,我还在为此付出努力。比方说,我直到50岁才做出坚持运动的决定,而且我还在为坚持执行这一决定而付出努力。我失败了吗?不,我还在斗争,而且我的情况越来越好,我正在取得进步。在我努力前行的时候,我牢牢记住,我的未来有赖于我现在的所为,而我的现状正是来源于从前形成的习惯。

他的一生就是一部杰作

我在本章节前面部分提到,我曾与约翰·伍登共处半日,那实现了我一生的愿望。他是个令人惊异的人。作为篮球教练执教四十余载,他只输过一个赛季——他的第一个赛季。他带领加州大学洛杉矶分校篮球队在4个赛季中取得全胜战绩,并创造了夺取10个全国大学生体育协会比赛冠军的纪录——其中7次是蝉联冠军。

在我去探望他之前,我花了3个星期时间重读他的著作,贪婪地获取关于他的每一点信息。在约好的那一天,我与他见面,并在他家附近的一个餐馆共进午餐,他经常光顾那儿。当时他已经92岁高龄。然而,在你与他交谈的时候,你根本觉察不出这一点。他头脑清晰,思维敏捷!

在我们共进午餐时,我问了他千百个问题,他和蔼地一一作答。我希望尽可能地学到他的领导力,想知道他究竟为何相信自己能取得如此的成功。他告诉我，有四个因素：①分析球员；②促使他们作为球队的一部分发挥自身的作用；③注重基本功练习和细节；④与他人合作良好。我同样想知道他最怀念执教生涯的哪一部分，他的回答让我非常惊讶：

"练习"，他说。不是观众的喝彩，也不是冠军的荣耀。

于是我想起见面前读过他的一段话，后来我又重读了一遍：

> 我常常被问起，你是什么时候开始梦想夺取全国冠军的？是在印第安纳州立师范学院的时候，还是在来到加州大学洛杉矶分校以后？或者，是你在大学打篮球的时候就开始了？实际上，我从未梦想取得一个全国冠军。
>
> 我每年的梦想，如果你愿意这么叫它，就是努力创造我们能够做到的最好的篮球队。我专注于在准备工作的过程中，而非这种努力的结果（比如，夺取全国冠军）。后者将会把我的精力用到不该用到的地方，期待一些超出我控制力范围的东西。期待并不能让它真正发生。
>
> 将理想与现实相结合，再加上努力，就会为你带来比你期望获得的更多的东西。

我们开始讨论练习。他说道："我曾经告诉我的队员们，'你在练习的时候做什么，将决定你成功的程度'。'你每天都必须使出百分百力气。一旦你今天没有使出全力，你无法在明天做出弥补。如果你只是使出75%的力气，你没办法在明天付出125%的努力来挽回。'"

听着他说这些话，一些想法钻进了我的头脑。在我见到伍登教练之前，我曾想写这本《赢在今天》。在与他见面后，我感到我必须动笔了。他对我说的每句话，似乎都在加强我的信念，那就是，明天的成功可以在你今天所做的事情中找到。

午餐过后，伍登教练邀请我来到他的家。那是一个不大的、简朴的地方。当他领着我来到他办公室的时候，我非常兴奋。他的墙上挂满了应该超过1000个的奖牌和纪念品——多得连墙纸都盖住了。每当我问及墙上的某一件奖品时，他总是避免谈论自己的荣誉，而是去说他的球队。有一阵，他为我朗读诗歌。他对诗歌的爱好显而易见，在读每一首时都饱含深情。大约一个小时后，他说，"最后一首"，就朗读了他的前队员斯文·纳德的一首诗：

> 我曾有一次看到爱，看得真切。
> 它没有束缚，也没有恐惧。
> 它不假思索地给予，
> 不做一点保留。
> 它看起来是如此自由，
> 自由展示自己。
> 它看起来迷恋于编写，
> 编写育人的交响乐，
> 演奏给那些需要的人听。
> 关心他人是它的目标，
> 从不计代价。
> 它的无穷关爱令人惊奇，
> 探问邻居的痛楚，
> 一天也不停歇。
> 它让疼痛消逝，
> 却让欢乐停留，
> 直到祝福的工作结束。
> 我曾有一次看到爱，并不矜夸。
> 他是我的教练，我的朋友。

那首诗打动了我。我提到，我认识斯文·纳德，因为我们的女儿们上同一所学校。"他是个好人，也是一个好球手。"伍登教练说，"我的许多队员仍然常来探望我"。

我们大约又聊了一个半小时，我想我该与他告别了。但在此之前，我问了他一个问题："我读你的书时了解到，你随身携带着一样东西，里面包含着你的人生哲学。我能见识一下吗？"

他笑了，说："我给你一个。"

他拿出一张卡片，一张他总是随身携带的卡片复制品。他在上面签了名。卡片上写着：

成功是一个平和的心境。
它直接来源于一种自我满足，
你知道你已经尽你所能，
去实现最出色的你。

我对他抽出时间与我见面表示感谢，然后离开。对于能有这样的殊荣，与我非常敬重的一个教练、领袖和普通人共处，并从中收获，我十分感激。我走向自己的汽车，低头看了看那张卡片，发现上面除了我喜欢的约翰·伍登的其他名言外，还有这样一句：

"让你的每一天都成为一部杰作。"

应用与练习

由于我无法找到机会与你共处一日，我现在将那些在共处中将向你提出的问题告诉你：

1. 今天你的态度是积极的还是消极的？
2. 今天你是否专注于优先事项？
3. 今天你的健康状况是否能保证你成功？
4. 今天你的家庭状况是否给予你支持？
5. 今天你的思考是否成熟且富有成效？
6. 今天你遵守诺言了吗？
7. 今天你的财务决定是否坚固？
8. 今天你的信念是否坚定？
9. 今天你的人际关系是否得到了巩固？
10. 今天你的慷慨是否惠及别人？
11. 今天你的价值观是否为你指明了方向？
12. 你的进步是否让你的今天变得更好？

花一些时间去问自己同样的问题，然后诚实做答。阅读后面十二章时，你会有更多时间来思考它们。我希望你看到整个过程，一个一个地处理。每一章都包括一个"应用与练习"，帮助你在这个重要方面取得进步。在全书最后，我还将向你提供一份计划，就像我与你共处一日后给你的那份一样。

第三章

今天的态度赋予我可能性

一个缺乏良好态度的人，有没有可能获得成功呢？答案是肯定的，但是他们的态度会决定他们如何享受他们的成功。我读过一篇报道说，成功的律师兼作家克拉伦斯·达罗在一个访谈中说："如果我在二十多岁的年纪能预知我现在在做什么，我想我肯定会自杀的。"根据他这种说法，我想说，他的态度是十分灰暗消极的。

西格蒙德·弗洛伊德则相反。如果不是那糟糕的心态，他早已取得成功。这位现代心理疗法之父著作无数，影响了当时众多医师、艺术家和思想家。他终其一生都被作为天才受到尊敬，并被称为20世纪最有影响力的人物之一。但是从十几岁起，他便陷入了悲观、怀疑和经常性的沮丧中。

阿曼德·M.尼科尔森在哈佛医学院做了30年临床精神病学副教授。他曾在哈佛教过关于弗洛伊德的课，写过一本关于弗洛伊德的书。在书中，他认为弗洛伊德的书信和自传中总是交织着持久的"悲观、忧伤、苦恼的情绪"。弗洛伊德在二十多岁的时候总试图用可卡因来缓解悲伤，相信幸福和快乐是很难体会到的，而大部分人总是在咀嚼痛苦。他谈道：

我们承受着来自三方面的苦难的威胁：来自我们的身体，

这是注定要腐烂分解，而且必须附带着疼痛和焦虑作为警示信号；来自外部世界，它有着压倒性的残忍毁坏力量与我们作对；还来自我们与其他人的关系。最后一个所带来的苦难可能比之前那两个更严重。

在其《文明与不满》书中，弗洛伊德写道："如果漫长的生命是艰苦并且缺少欢笑，如果它完全被痛苦所占据，以至于我们只能迎接死神的到来，那它又有什么益处呢？"无疑，是他的态度而非他的成就，影响了他的人生观。他在整个生命中都是痛苦的。遗憾的是，他选择了不满情绪。

为什么态度帮助你赢在今天

那些才华横溢或动力十足的人确实可能在心态不佳的情况下成功，但这种情况不常出现，需要付出难以置信的努力。就算他们达致某种程度的成功，他们也不快乐（他们还使周围的人也不开心）。最经常的是，心态不好的人活得不够长寿。

另一方面，在心态良好的情况下，即使是很普通的人也能取得很大的成绩。在《胜利者的优势》一书中，伟大作家丹尼斯·魏特利谈道："胜利者的优势不是与生俱来的，不在高智商中，也不在天赋中；而是全部存在于态度中。态度是成功的标准，但你无法花100万美元买来态度，因为它是非卖品。"

态度会给你的每一天带来不同的原因如下：

在开始一项任务时，你的态度比其他任何因素都更能影响这个任务的结果

你可能听过这句话："结局好，样样好。"我认为同样是真理的是："开局好，样样好。"看看那些成功人士，你会发现，他们都信奉这个真理，无论是即将走进手术室的医生、正在准备比赛的教练、正安排讲

道的牧师，还是正要进行谈判的企业家。自信的人会增加成功几率，而悲观者总会得到他预期中的失败。

你在开始一段新体验时，心态如何呢？你是兴奋、谨慎的，还是消极的？有没有什么特殊经历使你觉得很消沉呢？如果那些经验是你成功的重要方面，你应该调整一下心态了。查理·维特兹和我一起著书，他刚刚改变了他对于编辑过程的看法。查理认为大多数从事写作或出版的人，会自然而然地倾向于写作或编辑。他是位作家，不太喜欢编辑。他想起他作为英语写作教师给学生评分的情形。

最近，出版商交给他一本我的新书原稿，并要求他对该书进行校订，检查和校验书中列举的实例和数据等等。他很不喜欢这些事，认为这剥夺了他写作的时间。但这一次，他决定改变他的态度。他花整整一周时间去做这些事情，而不是像以前一样，只用下午的一部分时间（早晨是他写作的黄金时间）；并且他把这看成是一个推敲改进写作的机会，把文章提升到更高层次上。结果，这些事情就变得令人愉快，效率也大大提升。

当你着手做一件事，尤其当你没有意识到其重要性的时候，你要把精力集中到事情上，而不是你的情绪上。要关注其可能性，而不是问题，这样会使你的态度走上正轨。如果在一开始就步入正轨，事情就很可能会去到正确的目的地。

你对他人的态度经常会决定他人对你的态度

一个妈妈和她的女儿有一天去购物，她们想在圣诞节前的大减价中血拼一把。当她们一家店一家店地逛的时候，妈妈不停地抱怨：人太多啦，东西太次啦，价格太高啦，甚至还有她的脚走得太痛啦等等。在妈妈和其中一家店的女店员吵过之后，她对女儿说："我再也不来这个店了，你有没有看到她刚才看我的鄙视的眼神？"

女儿回答道："不是她那样看你的，妈妈，是你自己进店时就带进来的。"

当我们和他人接触时，我们的态度总是决定我们对待他人的调子。你对别人微笑，别人也会对你微笑。你对别人针锋相对，别人也会对你寸步不让。如果你好斗，别人也会反击你。如果你希望在一天中愉快地与人交往，就好好对待他人吧。这招常常奏效。

你的态度将给你带来胜利者的视角

1939年6月28日，乔·路易斯为了捍卫他的重量级拳王头衔，在扬基体育馆与被人们称做"两吨巨人"的托尼·加兰托展开较量。加兰托不是个很有天赋的选手，但是他出拳又准又狠。在第二回合，路易斯把他打倒在地，而且像是要赢得比赛了。但在第三回合，加兰托却把冠军击倒了。

路易斯立刻站起来，并回击他的对手。当他走回到他的角落的时候，他的教练训斥道："你知道当你倒下，你应该等着裁判数到九。可你为什么没有等裁判数到九呢？"

"什么？"路易斯回答道，"难道要让他有时间休息吗？"在第四回合，路易斯发狠地击打加兰托，裁判不得不中止了比赛。

在今天这种竞争氛围中，每个人都应该找寻优势。顶尖运动员和企业家都清楚，**所有事情都相同的话，态度决定胜负**。但同样：即使不是所有事情都相同，**态度很多时候仍决定胜负**。良好心态确实是秘密武器。

你的态度——而非你的成就——带给你快乐

18世纪诗人和评论家塞缪尔·约翰逊曾说过："那些对人性不甚了解，以为能通过改变其他事情、而非改变自己心态，来寻求快乐的人，将徒增悲伤，一事无成地终其一生。"塞缪尔了解到，人的满足来自内心，而且是建立在态度基础上的。

头脑中的想法总比你生活中的事情更重要。名声、财富会消逝，成功的满足感也总是暂时的。你无法购买或赢得快乐。你必须选择它。

你的态度将感染他人

尽管态度是你自己选择的，但你仍须记住，你做出的选择会影响周围的人。在《所向披靡——打造卓越团队的17条法则》的"坏苹果法则"里，我是这样解释的：

> 在团队中，有些东西是不具传染性的，包括天分、经验，还有练习的愿望。但可以肯定的是，态度是会互相感染的。当团队中某个人谦虚可教，并因此获得了进步，其他人也会表现出类似的品质来。当一个领导者在逆境中仍然保持乐观，别人也会对此表示敬佩并希望能够与他一样。当一名队员表现出勤奋的工作态度并积极影响他人，别人就会效仿……人们和谁交往，就容易采纳他们的态度、思维方式、信仰以及应对挑战的方式。

我的导师之一，弗雷德·史密斯曾经对我说，在任何组织中都有两种人：污染者和净化者。污染者像烟囱，总是喷出肮脏的烟雾。他们痛恨明亮的天空，无论天空看上去多么好，都能找到方法让它灰暗下来。在组织中，人们由于呼吸了污染者的"毒气"而变得越来越糟。相反，净化者会使身边的一切变得更好，无论他们遭遇多么恶劣的环境。他们与别人一样吸收着污染者排出的毒气，但是会将这些毒气过滤。他们吸收的是灰暗、消极，送出来的却是清新和明朗。

当别人与你共处后离开时，他们感觉更好还是更坏？你是否净化了空气，给予人们积极的鼓励和全新的视角？或者，他们最终忧郁地离开？观察一下别人对你的反应，你就会明白你是怎样的人。

做出决定，每天选择并展现正确的态度

1964年，我17岁的时候，发现了态度的重要性。篮球教练内夫先生在赛季开始时对我说，希望我出任队长。我感到很兴奋，也很诧异，因为我知道，我的队友托马斯比我打得更好。内夫教练对此解释说，"约翰，你的态度是最好的，而且你的态度能够影响他人。"

数周后，我成为学校"本月最佳学生"。原因还是我的态度。老师

们说，他们喜欢我的态度。渐渐地，我的态度使我的人生发生了改变，并对我周围的人们产生了影响。在那个时候，我对自身的态度做出了决定：**我将保持积极的态度，并运用它去影响他人。**

许多人错误地认为，态度是一成不变的。他们形成了这样一种观念，并把它看做是生命中注定的东西，类似于身高，或是家族癌症史。但事实并非如此。你的态度是一个选择。如果你希望你的每一天都成为一部杰作，你就需要保持绝佳的态度。如果目前你的态度不够好，你就需要改变它。做出决定吧。方法如下：

为你的态度负责

在我与妻子玛格丽特结婚四五年后的一天，我们前去参加一场牧师会议，我还应邀在会上发言。玛格丽特也同意为家属专场做演说。她对演讲并不像我那样有激情。尽管她讲得很好，但她并不是太享受其中。我想给她支持，因此我参加了这个专场。在问答环节，一位女士问道："约翰是否令你快乐？"

我得承认，我当时真的期待听到玛格丽特的回答。我是个细心的丈夫，而且我非常爱她。她如何对我大加赞美呢？

"约翰是否令我快乐？"她边说边思考着，"不，他没有。"

我恨不得找个地缝钻进去。她接着说道："在我们婚后两三年里，我以为约翰的工作就是让我快乐。但他并没有做到。他对我不坏，是个好丈夫，但是，没有人能够让别人快乐。快乐是自己该做的事情。"

作为一个二十几岁的新婚女子，她明白了某些人一生都无法明白的道理。每个人都应该为自己的态度负责。如果你希望今天成为美好的一天，你就得掌控你看待它的方式。

做出决定改变你的不良态度

我是个《花生》漫画迷，多年来一直阅读这部连环漫画。在一幅漫画中，露西说："我感到很烦。"

她的小弟弟莱纳斯总是愿意去缓解紧张气氛。他回答道："也许我能帮助你。这样吧，你坐到我的座位上，看会儿电视，我来为你做饭？"于是，莱纳斯为露西准备了三明治、巧克力饼和牛奶。

"现在你还需要我做些什么吗？"他问道，"还有什么我没有想到的吗？"

"是的，还有一件事你没有想到"，露西大声叫道："我不想感觉更好！"

在《花生》漫画里，露西总是不愿意去在很多方面改变自己的不良态度，而这些方面有很多。

许多人都像她一样。我曾经提到过，在你的一生中，有些事情是无法选择的，比如你的父母、你的出生地，你的种族等等。但是，你的态度是可以改变的。而且，几乎每个人的思维方式都有一些方面可以改变。如果你希望今天过得更好，你就应该在这些方面做出努力。

像你希望成为的人那样去思考、说话和行事

如果在毕业 10 年或更长时间后参加校友会，你一定会为你的昔日同学身上发生的变化感到惊奇——一个当年招人厌烦的家伙成了律师，一个普通女生成了电影明星，一个行事古怪的家伙创立了大公司。这些转变是如何发生的？其实他们转变了他们的自我认知。你只是看到他们过去的样子（或者，是你认为的他们过去的样子），而他们则看到自己将来的样子。于是，他们学着去像他们希望成为的那个样子去行动、去获得相应的能力。这种转变需要时间，而且对那些天天见到他们的人而言，转变是很难被发现（就像父母不会像别人那样留意到婴儿长大一样）。但对那些阔别了二三十年的人来说，这种转变简直是个奇迹，就像毛毛虫变成了蝴蝶。

如果你渴望改变你自己，就从你的思维开始。相信自己可以做得更好，可以成为你希望成为的那个人。伟大哲学家爱默生说过，"**身外事与身内事相比，实在微不足道**"。当你的想法开始转变，一切都随之改变。

珍视别人

保持良好态度的秘诀之一是珍惜他人。你无法在厌恶别人的同时拥有好的心态。你遇到过总是待人不善、却可以保持积极态度的人吗？你也不可能在态度不佳时鼓励他人。对别人的鼓励意味着对他们的帮助，在他们身上找到最好，把他们积极正面的素质发掘出来。这一过程会将你头脑中消极的想法驱散。

与他人的交往将为你的每一天定下基调，就像你的人生之歌一样。当你与他人的交往十分糟糕，你听到的就是刺耳的音乐。当你高度珍视他人，友好对待他人时，你的一天就会像一支甜美的旋律一样。

培养对生活的高度欣赏

你是否认识一些总是抱怨这抱怨那的人，嫌汤太烫了、床铺太冷了、假期太短了、薪水太低了……在宴会上与他们相邻而坐，当你享受美食时，他们会告诉你每一道菜都有哪些问题。无论生活多么美好，这类人都不懂得欣赏生活。

一个朋友曾对我讲述了一位沉稳而又独立的 92 岁高龄老太太的故事。她当时正从家中搬往养老院。由于老伴已过世，她也双目失明，去养老院生活成为她的唯一选择。她在大厅等了很长时间，终于被告知房间已经准备好了。陪护人员护送她走过走廊，一直走到挂着窗帘的窗户旁，向她描述着房间的样子。

"我喜欢这房间。"老太太忽然说道。

"别着急，您还没有见到它呢。"陪护说道。

"这无关紧要"，老太太回答道，"快乐是你可以提前决定的事情。我对这个房间是否满意，并不取决于家具如何摆放，而在于我如何想"。

欣赏并非出于品位或世故，而在于视角。篮球教练约翰·伍登说过，"**对于让事物按最好结果发生的人，事情就按最好的结果发生**"。从小事做起。如果你能学会欣赏和感恩小事情，你就能欣赏和感恩大事情，以及一切中间的事情。

管理态度

如果你希望从积极态度中获益,你不仅仅要做出决定去表现得积极,还要好好管理这一决定。对我而言,态度意味着一件事:每一天我都要做出必要的调整,来保证正确的态度。如果你对此感到陌生,你可能会想,如何做到呢?以下步骤可以帮助你:

明白到态度需要每天调整

我发现,态度不能自然地或轻易地保持积极向上的。好的态度并不会自动形成的。这就是每天都要去调整它的原因。如果你自身越容易表现得悲观或极端,你就越需要在这方面付出精力。每天清晨都对自己的态度做一次检查,留意自己的态度有可能亮起的红灯。

找出任何事情中的积极因素

不久前,我读到一段非常精彩的祈祷文:

亲爱的主:

今天直到目前为止,我都做得很好。我没有传播流言蜚语,没有发脾气,或表现得贪婪、粗鲁、卑鄙、自私或放纵。我没有发牢骚,没有诅咒谁,也没有吃巧克力。

然而,我准备在几分钟后起床。在那之后,我需要很多帮助。阿门!

这并不总是容易做到的,但如果你付出足够努力,即使在困难的处境中,你仍然能找到一些好事情。当被问及在贫困的加尔各答为她工作需要具备什么条件时,德兰修女回答说:"愿意辛苦工作,还有快乐的态度。"如果一个人能在与将死的以及穷困的人相处中找到快乐,就一定能在任何处境中做到快乐。

在任何处境中找到积极的人

没有什么像同伴一样能帮助人们保持积极态度。世界上到处都是悲观消极者，实际上，他们常常聚集在一块儿。但是，积极向上者同样到处都是。你会发现，他们就像老鹰一样，在消极的人头顶上翱翔。把他们找出来吧。当你面临困难的时候，靠近他们，像长跑手一样紧跟着他们的步伐。如果他们遇到了困难，你可以走上去，帮助他们。两个积极向上的人拧成一股绳，比一个人单打独斗更能驱散乌云。

在任何谈话中说些积极的话语

我曾经尝试培养一种习惯，在与别人的每次交谈中说些积极的话语。我从最亲近的人做起，当我妻子显得美丽的时候（她常常是这样的！），我便告诉她。在每次见到孩子们的时候，我都夸奖他们。而在见到我的孙子孙女们的时候，我更不会吝啬赞美之词。但我并不止于此，在任何时候，我都真诚地夸奖、赞美、承认、鼓励和回报别人。这对我和对他人都妙不可言。我非常建议你也这样做，我知道你也能够学会的。

从你的日常词汇中剔除消极话语

我父亲在75岁的时候退了休，他一生都在为演讲而忙碌。他的先天条件并不出色，因此他总是努力学习以获得进步。当我还是孩子的时候，我和哥哥拉里在他的讲道中每发现一个语法错误，他就会奖励我们一毛钱。这只是他不断努力进步的例子之一（我猜想他这样做，也是为了让我们能够更好地掌握语法）。

你也可以做类似的事情来转变自己的态度。你，或者你委托某个人，在你的言谈中搜集那些负面的用语，然后去消灭它们。你可以从以下清单开始：

消灭如下词汇	用这些词代替
我不能	我能
但愿	我将会
我不认为	我知道
我没有时间	我会安排时间
也许	当然
恐怕	相信
我不相信	我确定

如果你坚持寻找积极的词汇，以代替负面的话语，你就能使自己开始每天都更积极地思考问题。

每天都对他人表示感激

在所有美德中，感激似乎是表达得最少的一种。人们是否会不辞辛苦地对你说感谢呢？在送出礼物后，你是否经常会收到感谢卡片？更重要的是，你是否对别人表示感谢呢？在我们富足的文化氛围中，我们常常把很多东西都视为理所当然。

几年前，美国著名黑人女主持人奥普拉·温弗里鼓励她数百万的电视观众们写下感激的日志，以便更好地感恩生活。记者和作家艾米·范德比尔特曾说过，"当我们学会去感谢，我们就学会了专注于生活中好的、而不是坏的事情上"。想想好的事情，会帮助我们更感恩。保持感恩的心情，有助于获得积极的态度。保持积极的态度，促使我们去想事情好的一面，而非坏的一面。这是一个自我推进的积极循环。

对态度的回顾

当我17岁做出决定去保持积极向上的态度的时候，我这样做是因为它产生了积极的结果。这常常也是促使我们做出决定的原因。当你变得更成熟，做出更多思考的时候，你就能更透彻地看待这些问题。回想过去，我发现，从 1964 年起，态度对我的人生产生了这样的影响：

在我十几岁时	我的态度使我成为篮球队队长。
在我二十几岁时	我的态度让我赢得了玛格丽特的芳心。
在我三十几岁时	我的态度让我离开舒适区，在加州担任新的教会职务。
在我四十几岁时	我的态度让我与官僚和冲突抗争了 8 年，为我的教会扩建了新的教区。
在我五十几岁时	我的态度让我从一次心脏病发作中康复。

40 年来，态度成为我影响他人的最宝贵资产。随着我迈进 60 岁，态度激励我在全世界培训和装备 100 万个领导者。我希望能够对他人保持积极的影响，直到我离开人世的那一天。

永远奋力拼搏

当你下定决心去培养积极态度，并很好地管理这一决定的时候，几乎没有你无法做到的事情。不信你可以去问兰斯·阿姆斯特朗。1999 年，他成为第二个获得环法自行车大赛冠军的美国骑手，这是自行车运动中最具威望的赛事。在令人筋疲力尽的 3 周时间里，骑手们要穿越超过 2000 英里的路程。当阿姆斯特朗获胜的时候，在巴黎的终点线上，一名记者问正在等待着他的母亲琳达，他的胜利是否令人大跌眼镜。她斩钉截铁地回答说："阿姆斯特朗的一生都令人大跌眼镜。"

阿姆斯特朗长大的时候经历了一些不利因素。他母亲是单身妈妈，在 17 岁那年就生下了他，抚养他长大。他们在经济上捉襟见肘。兰斯常常感到自己是局外人。在得克萨斯州，橄榄球才是最受欢迎的运动。但他发现，自己的身体十分不协调，无法从事球类运动，因此他转向耐力运动。在五年级，他在一次长跑比赛中获胜。不久，他加入了一支游泳队。一年后，他就从一名"差等生"一跃成为德州 1500 米自由泳第四名。每天上学前，他都会游 4000 米，下午放学后再游 6000 米。很快，他便开始练习骑车。

13 岁的时候，他参加了"少年铁人"的比赛。那是一项为少年设计的铁人三项赛，包括游泳、骑车和长跑。他轻松地获得了胜利。15 岁的时候，他开始参加成人比赛。在首次竞技中，他取得了第 32 名的成绩。赛后他对记者说："我想几年后跻身前几名，10 年内我将夺冠！"阿姆斯特朗，这个一直被看做与周围格格不入的人，遭到朋友们的嘲弄。但当他在第二年的比赛中获得第五名时，朋友们不再嘲笑他了。16 岁的时候，他获得了全国铁人三项赛和 1 万米赛跑冠军，赚得 2 万美元奖金。他同时开始尝试自行车赛。他是如此适合这项运动以至于立即加入到最激烈的竞争中，与当地顶尖自行车手一道练习。

一段时间以后，阿姆斯特朗开始把精力完全集中到赛车运动上。在美国获得胜利后，他去到高手云集的欧洲。他参加的首次职业比赛是圣·塞巴斯蒂安自行车赛，那是一场令人难忘的比赛。当天大雨滂沱，寒气袭人，阿姆斯特朗以倒数第一的成绩完成了比赛，比冠军落后了整整 27 分钟——太糟糕了。赛道两旁的西班牙观众纷纷讥笑他。阿姆斯特朗对这段羞辱的经历回忆道：

> 几小时后，我瘫坐在马德里机场的椅子里。我想退出这项运动。这是我此生最严酷的一场比赛。在我去圣·塞巴斯蒂安的路上，我还以为有机会赢得比赛，而现在我却怀疑自己能否经受得起这种竞争。他们嘲笑我……我从口袋中取出一叠未用的机票，其中有一张是美国的返程票。我在想着是否把它用了。"也许我该回家了"，我想，去找些别的、我拿手的事情做。

支撑他度过这一切的，是一种自然的力量，一种炽热的、强烈竞争意识的本性，一种令人难以置信的积极态度。母亲的话始终在他脑海中回响："化障碍为机会，化消极为积极。如果你无法做到百分百，你就不会成功。永远不要放弃！"

道路中的急转弯

1996年，25岁的阿姆斯特朗成为世界头号自行车手。看来，他终于做到了，他过上了很好的生活。他在欧洲与最强对手竞争并获胜。然而，与此同时，他腹股沟开始出现强烈的疼痛，并开始咳血。经过诊断，他知道自己患上了睾丸癌。而且，情况越来越糟，癌细胞已经转移，弥漫在肺叶中，形势很不乐观。可是，他仍然保持着积极的态度，他的斗士精神。不幸的是，他的脑中也发现了癌细胞。

"我遇上了一堵墙"，阿姆斯特朗说，"尽管我尽力保持积极乐观，拒绝恐惧，但我知道，脑子里长瘤的人，是无法生存的"。

阿姆斯特朗做了脑部手术，切除了罹患癌症的睾丸，开始了痛苦的化疗过程。开始化疗的时候，医生对他说，他有五成的生存希望。在化疗结束、他看起来康复后，一位医生承认，阿姆斯特朗的情况是他所见过最糟糕的，他认为阿姆斯特朗只有3%的生存机会。

在所有这些经历中，阿姆斯特朗一直保持着很好的心态。他相信"希望是恐惧的唯一解药"。当被问及癌症治疗的痛苦是否令他沮丧时，阿姆斯特朗说，"不，我知道沮丧是有害的……这是我人生中相当乐观积极的一段日子"。

积极的复出

保持积极向上的心态，从癌症中生存下来，这本身已经是一个成就。但阿姆斯特朗想要的更多，他想重新参赛。在复出的过程中，他经历了一段困难。有一次，他在比赛中途退出了——之前他从未这样过。"在起步区，我坐在车里，试图保持身体温暖，想象着我是多么不情愿走出去"，阿姆斯特朗说，"当你这样想的时候，问题不会变得更好。当我从车中走出来，站在冷风中，我的心态变得很糟"。但是，他从这次挫折中恢复了过来，继续获得了环法自行车赛冠军——不是一届，而是连续五届。

阿姆斯特朗懂得，积极态度是一笔伟大的财富。他是这样评价的：

失去了信念，我们就会一无所有，每天处于末日感中。它会击败你。直到我患上癌症，我才完全意识到，我们需要每天与这个世界逐渐生长的负面和怀疑做斗争。失落与失望是人生真正的危险，而不是突如其来的疾病或是所谓的世纪末日。

在1999年获得第四个环法自行车赛冠军后，阿姆斯特朗通过记者向人们传达这样一条建议："我只想说一件事情，如果你真的有机会获得第二次生命机会，你必须全力以赴。"我想把这条建议也传达给你。如果你过去的心态不够好，你还有第二次机会。你可以改变它。你可以选择一种好的态度，每天加以调整。当你这样做的时候，一个充满可能性的新世界将会展现在你面前。

应用与练习:每天选择并展现正确的态度

你今天的态度决定

谈到你今天的态度,你处于什么状况呢?自问下面3个问题:

1. 我是否已经做出决定,每天选择并展现正确的态度?
2. 如果是,我何时做出这一决定的?
3. 我具体决定了什么?(写在下面)

_____
_____
_____
_____

你每天的态度自律

根据你做出的态度决定,为了获得成功,今天和今后每一天,你约束自己做的其中一件事情是什么?(写在下面)

_____
_____
_____
_____

弥补昨天

如果你需要帮助,来做出态度的态度决定,并培养每天的自律来活出它们,请做下面的练习:

1. 回想影响你的态度的所有要素(把它们列举出来:)

_____
_____

现在，忘记它们。发生在你身上的事情，往往都超出你的控制范围。但发生在你内心的事情，则是你自己的选择。你对此做出的反应将成为决定因素。对自己做出承诺，你对你目前的态度负全部责任，而你将选择积极向上的态度——无论如何。

2. 开始克服你的不良态度。列出你的消极想法和习惯的清单：

现在，在每个项目旁边，写下积极回应或相反的品质。比如，如果你写的是，你认为别人想利用你，就在旁边写下"信任"。你可以通过这个清单来帮助自己克服心态破损。

3. 每天，在你的积极态度清单中选出一种积极态度来。在度过这一天的时候，把展现这种态度作为目标。重复这样做，直到你的态度成为你希望的那样。

4. 保持积极向上的最好方法之一，就是表达感谢和赞赏。每天至少找一个机会来告诉某个人，你对他或她是如何感激。

5. 每周都在你的浴镜上、电脑旁或备忘录上贴一句积极态度的名人名言，每天都读多次。

6. 你希望别人如何对待你，你就用更好的方式对待他人，为你的每一天定下基调。第一个展现笑容；首先赞赏别人；期待他们的最好。如果你首先行动，你将会为成功做好准备。

7. 如果你发现自己又陷入了旧的消极想法或行为模式中，就与自己做个约定，在一天的中间检查自己的心态。如果你的态度不好，就做出调整。越快做出调整，你的感觉就会越好。

展望明天

花一些时间思考你关于态度的决定，以及每天如何贯彻它们，这将对你的未来产生积极的影响。都有哪些复合效益呢？请写在下面：

_____
_____
_____
_____

　　用你所写的不断提醒自己，因为今天的回顾能激励你每天自律，每天自律能将你昨日的决定最大化。

第四章

今天的优先次序赋予我专注

如果你一早醒来,发现自己突然一夜暴富,成为一家价值千万的公司老板,你会有什么反应?这个便是霍华德·休斯在18岁时候遇到的问题。休斯的母亲在1922年、休斯16岁的时候因为手术失败过世了。他的父亲因为心脏病在之后不到两年时间也相继去世了。小休斯在18岁的时候继承了父亲的休斯设备公司。

休斯的父亲——老霍华德·休斯一手创办了这家公司。老休斯出生于1869年,19世纪90年代一直在密苏里州的锌铅工业基地工作。1901年,当休斯听说在得克萨斯州的博蒙特地区发现了大规模的石油资源,他意识到这是一个能够开创一种新的工业并带来巨大机遇的好机会。老休斯很快搬到了得克萨斯州,并和沃尔特·夏普合作开始做钻井的生意。

七年来,两人的事业蒸蒸日上。但由于他们的工具不能钻透质地特别坚硬的岩石,在牵涉这两类油井钻探方面,他们公司相比其他对手就显得缺乏竞争力。

为了解决这个问题,老休斯开动脑筋,成功发明了旋转钻头来对付坚硬石块。他为此申请了专利。这项设备对于勘探工业具有革命性意义。在五年时间里,休斯的旋转钻头在11个州和14个国家得到广泛应用。在1908年和1924年期间,老休斯享有73项专利,积累起巨大财富。据称他对自己的发明曾有这样的评价:"我们没有垄断。人们如果不想用休斯的钻井工具,也可以选择镢头和铲子呀。"

谁想成为百万富翁?

老休斯逝世后,他的儿子休斯立刻成为了百万富翁。休斯雇用一个管理公司来负责休斯设备公司的正常运营,然后,他开始设计自己的生活。像其他男孩一样,休斯喜欢所有类型的机械设备。在他少年时期,休斯就组装一台收音机并与一名船长交流过意见。15岁的时候,他偷偷向一名业余飞行爱好者学习飞行。休斯很聪明,那个时候,似乎全世界的大门都向他敞开。

休斯决定进入电影行。在娶了一个休斯敦的社交名媛后,他很快搬到洛杉矶。传记作家麦克尔·索特说:"这种冲动的举措对于休斯来说并不奇怪。就像一个对新爱好如痴如醉的小孩一样,休斯不断投身到各个极具风险的行业中。"不久,休斯开始制作影片,购买剧院以便于放映。他的电影没有引起市场注意,直到制作出一部航空题材的电影《地狱天使》。之后休斯继续出品了《犯罪的都市》和《疤面煞星》,也获得了成功。休斯还准备建造一个大型摄影棚,俨然成为好莱坞一股不可忽视的力量。但之后,休斯迷失了方向。他似乎更喜欢追求那些漂亮的好莱坞女明星,而不是追求电影制作。1929年,他和妻子离婚了。

20世纪20年代,休斯将兴趣转向航空业。他取得飞行执照,不久开始尝试飞机设计。1932年,休斯开办了一家航空公司——休斯航空。他先买来一架飞机,拆卸、改装,制造出速度更快的飞机。休斯还亲自试飞自己的飞机。在整整10年里,休斯不断改造飞机,挑战飞行速度极限,创造飞行速度的世界纪录。

1940年,在荷兰泛航航空公司急需资金的情况下,休斯受邀对其投资。他不仅投了钱,还成为大股东。在那个时候,休斯觉得应该让航空旅行更加大众化,于是他把洛克希德公司请过来,让其按照自己的要求制造飞机。第二年,休斯在洛杉矶创办了一家大型飞机制造公司,为欧洲战场提供飞机部件。同时，休斯仍然涉足娱乐业，制作或者有时也导演一些影片。

1942年9月，休斯又增添了一个活动项目。政府与他签署合同，要求他设计和制造出水上飞机，即飞艇的原型。休斯同意以1800万美元作为酬劳在1944年之前交付产品。之后几年里，他致力于这项工程。但是直到1945年，尽管耗费了8亿美元，包括修建一个耗资1.75亿美元的飞机修理库，休斯仍然没有制造出飞艇交付政府。缺乏专注的态度让休斯不仅没有在这次冒险中成功，还让他出现了一段时期的精神崩溃（他一生中经历过三次）。

随风而去

霍华德·休斯仍然继续购买电影公司、小型航空公司、电视台和不计其数的酒店及拉斯维加斯的赌场。无论什么领域，只要他感兴趣，休斯都能在休斯设备公司的资金支持下，涉足这个领域。但是没有什么能长期吸引休斯的兴趣，也没有什么可以让他感到满足。休斯在1957年开始第二段婚姻，但两人很快开始疏远。1966年，休斯在没有通知妻子的情况下独自搬到拉斯维加斯。后来，他妻子没有能见到他。几年后，休斯离开了美国。他的行为越来越怪异。他后来像隐士一样生活，有着严重的洁癖，陷入吸毒旋涡中。1976年，休斯在被接回美国治病期间离开了人世。

有人说休斯取得了成功，因为他拥有巨额财富。他是美国首个亿万富翁，曾经是世界上最富有的人。但我看到的是在充满着未挖掘潜力下的一段残缺人生。休斯没有能力维系一种长期的关系。他的婚姻没能持续多久，也没有子女。他拥有的唯一一家还算成功的公司，并不是自己经营的，而且最终还放弃了管理权。1955年，休斯飞机公司转型成为一家非营利的休斯医学院；1958年，他的电影公司宣告破产；1960年，荷兰泛航航空公司濒临破产时，休斯又放弃了他的股份；1971年，他放弃了对休斯帝国仅存的公司——休斯设备公司的控股权。他去世时是孤独的，令人疏远的。

为什么优先次序能帮助你赢在今天

商业顾问兼作家麦克尔·雷波夫说过："把你的一小部分精力投入在所有领域，意味着把你很大一部分投入在一无所有中。"这句话用来形容霍华德·休斯再恰当不过了。专注力是取得成功的关键之一。若想提高专注，你必须理解优先次序的定义。因为：

时间是我们最珍贵的物品

如果要在两者间做出选择，你愿意节省时间还是节省金钱？大部分人更关注金钱。但是你如何分配时间比你如何花费金钱重要得多。在花钱上犯错误还有可能补救，但是一旦你浪费了时间，它将一去不复返。

时间是宝贵的。你做事的优先次序决定了你如何分配利用时间。下面的内容可以帮助你从不同的角度来认识时间的概念：

要了解一年的价值……问问一个没有通过期末考试的学生。
要了解一个月的价值……问问一个怀孕的母亲。
要了解一个星期的价值……问问一名周刊杂志的编辑。
要了解一天的价值……问问一个要养活6个孩子的工薪族。
要了解一个小时的价值……问问一对正在等待约会的情侣。
要了解一分钟的价值……问问一个刚错过一班飞机的乘客。
要了解一秒钟的价值……问问一个刚刚从一场灾祸中幸存的幸运儿。
要了解一毫秒的价值……问问奥运会上只夺得银牌的运动员。

时间是无价的。正如哲学家爱默生所建议的："好好利用你的闲暇时光吧。它们就像未经切割的钻石。如果放弃了，它们的价值永远不会被人知道。但如果你悉心雕琢，它们将成为你生命中最闪耀的宝石。"

我们无法改变时间，只有改变优先次序

你是否想过自己需要更多时间，不过你却无法做到！没有人可以得到更多时间。一天只有1440分钟。无论你今天做什么，都不可能获得更多时间。

销售顾问兼作家迈耶斯·巴恩斯说过："时间管理和钟表没有任何关系，而在于如何在钟表的协调下、如何组织或管理自己参与各个活动有关。爱因斯坦认为时间管理是自相矛盾的，时间无法被管理。你不能保存时间，不能减少时间，不能让时钟倒转，或者在明天拥有更多时间。时间是没有情绪的，不能被控制的，不可阻挡。无论外界情况如何，时间都义无反顾地往前走，在人生游戏中，为每个人创造了平等的竞争平台。"既然你无法改变时间，你就必须改变你对待时间的方式。

我们不可能做每件事情

曾几何时，我一度认为我可以做任何事情。那时我非常年轻、充满活力，也很幼稚。中国作家和哲学家林语堂说过："在如何做好事情的高超艺术外，还有如何不去做事的高超艺术。将那些非必要的事情清除出去，也是构成生活智慧的要素。"

你可以拥有你想要的任何东西，但你不可能拥有你想要的所有东西。你必须选择。卓越来自在正确时候做正确的事情。你必须放开不必要的事情。如果你不确定什么是你应该做的事，假设你的生命只剩下6个月，在这么短的时间内，你想做的事，便是你应该去做的事。

我们如何利用时间，来选择生活

你现在做的所有事情都是你选择去做的。有些人不愿意那么想。如果你已经超过21岁，那么你的生活就是你一手努力的结果。如果要改变生活，你需要改变你处理事情的优先次序。

杰克·威尔波特是旧金山州立大学摄影项目多年的负责人。有一次，他被问到是如何做到既高效教学又能在艺术上创作颇丰的。他这么

回答："自从我被聘为负责人，我就有意识地把自己打造成艺术学院一名某种程度上的异类分子。我不完成委员会指派的任务，不处理备忘录上的事情，不参加学院会议。就这样过了一年，我发现，他们不再请我去做那些事情。"相比应付那些政治事务和学校繁文缛节，威尔波特把完成艺术创作和教书育人放在更重要的位置。你可以不按照他的优先次序去安排事情，但是你应该看到威尔波特对优先次序有着深刻见解。

优先次序让我们的选择更加明智

作家罗伯特·麦卡恩说过："为什么大部分目标不能实现？因为我们往往首先做次要的事情。"事实确实是，有太多事情引起我们的注意。很多人希望把你放在他们的日程表中。数千生产商希望你花钱购买他们的产品。即使你自己的渴求也是多样的，你的注意力是分散的，以至于你也分不清到底把注意力放在哪里。所以你需要专注。**要取得成功，你不能总是在快速轨道上奔跑，你应该在你自己的轨道上奔跑**。要知道，你是否能够发挥潜力和实现梦想，取决于你每天安排事务的优先次序。

做出决定，每天确定优先事项，并根据优先次序来行事

当我刚从大学毕业参加工作时，我并不是根据自己的日程表来工作的。当我在大学学习神学的时候，大部分课程都让我为咨询和行政管理做准备。所以当我在1969年开始工作时，猜猜我每天花时间最多的是做什么？对了，就是咨询和行政管理。但是没有什么离我的天赋、我的爱好更远的了。尽管拼命工作，我没有感到自己多么充实或者有多少成效。

因为我希望长进自己，在工作中学到自己在大学时期学不到的本领，在1971年，我开始考取商学位。在一门课程里，我读到了意大利经济学家帕雷托的有关优先次序的文章，叫做"帕雷托法则"。按照他的理论，如果你把所有精力都集中在优先次序前20%的事情上，你就能得到80%的回报。这可是我梦寐以求的啊！我下定决心，对每日事务安

排好优先次序，然后集中精力和能量去做那些可以带来更多回报的事情。

从此，我用全新的方式去看待生活和工作。我意识到，我必须把自己80%的时间、精力和资源投入到自己的强项上，而非咨询和管理。咨询和管理并不是坏事情，只是不合适我罢了。自从我下了那个决心后，我就成了帕雷托法则的践行者，在之后的33年里，我也教导别人这样做（如果你想更深入了解帕雷托法则的内容，可以参阅《培养你内在的领导力》）。

虽然在最初遵照帕雷托法则时，结果并没有达到自己的期望值，但是大多数时候，这套理论还是让我保持专注，并走在正轨上。我妻子玛格丽特还老拿我当时的表现开玩笑。有一次，她让我帮她修剪草坪，那时我刚学了帕雷托法则，我回答道："玛格丽特，我不希望在那种事情上浪费时间。我要努力保持专注。我们可以雇人来修剪草坪。"

玛格丽特看了看我，说："哪有钱啊！"于是我们一同完成了修剪草坪的工作。对于我们来说，那是一个关键时刻。此后，我努力专注于重要事情上，尽量避免被杂事分心。

如果你也想改变对自身和对工作的认识，你可以按照下面的要求来安排各项优先次序：

回顾今日

你是否发现，当别人没有什么事可做时，往往会来找你？诗人卡尔·桑德堡说过："时间是你生活中最有价值的钱币。你，也只有你，可以决定如何使用这枚钱币。千万不要让别人替你花了这枚钱币。"

你最大的财富就是在你面前的每天24个小时。你如何利用它？你是屈服于压力，还是专注于重要事项？你愿意自己整天陷在一大堆没用的邮件、不重要的任务、电话推销、各种杂事的骚扰中，还是希望自己对如何花费每一秒负起全责，把今天变成你自己的一天？如果你不去决定如何安排这一天，别人会替你花完24小时的。

问自己三个问题

没有其他理论能够比"每日健身操"对我的成功起到更大作用的

了。当我发现我需要改变对待自己每天和事业的态度时,我开始试着问自己三个尖锐的问题:

1. 什么是我应该做的?任何对生活某个领域做出优先次序的客观评价,都应该建立在对一个人必须做什么做出客观评估的基础上。如果要成为一名好的伴侣或者家长,你应该做到什么?要让你的老板满意,你应该做到什么?(如果你领导他人,这个问题就应该是,什么是你必须做、而且他人替代不了的?)评估优先次序时,每次都从"应该做"开始考虑,认真思考,得出答案后再去想下一个问题。

2. 什么给我最大回报?当你在事业中往前走,你会逐渐发现,有些事情比其他事情产生高得多的回报(如果你没有发现,证明你没有在事业上进步!)下一步,就是把你的注意力投入到那些高回报的事情中。

3. 什么给我最大奖赏?如果你只做那些你必须做、有回报的事情,你会相当高产高效,但你可能不会满足。考虑一件事情能否给你个人带来满足,也很重要。但我发现,有人从奖赏开始,然后停留在其中,不愿意走更远。如果没有先考虑前两个问题,再回答第三个问题,没有人能取得成功。

心理学家、哲学家威廉·詹姆斯说过:"**处事明智的艺术,就是明白应该忽略什么的艺术。**"如果你在确定优先次序时依次回答了以上三个问题,你就会对应该忽略哪些事情有了一个更好的理解。

留在你的优势区

人们不会为平庸而付钱。人们不会选择一家马马虎虎的餐厅吃饭,或看一部普普通通的电影。老板不会与一个普普通通的销售员签合同,也没有人会说:"我们把这份合同交给过得去的公司去做吧。"

我在教会工作期间,终于能从咨询和行政事务中摆脱出来时,感觉真的太棒了。找到自己在哪个领域具备优势,确实花了我不少时间和探索。如果你还没有找到自己的优势区,你需要看看以下建议。这都是我根据自身经验总结出来的:

- 尝试与失败:没有任何事情比你自己的成功或失败给你带来更

多收获了。有一些事情看起来总是碰壁，你不断犯错，这个时候，你很可能应该把它放下来。但你必须愿意冒着失败的风险，去找到你的成功。
- 他人的建议：让别人评价你的成效，并不总是一件有趣的事，但对你颇有益处。尽量找没有个人私心、纯粹想帮助你的人来做评估。
- 性格测试：性格测试，比如 DISC 系统，佛罗伦斯·妮蒂雅的性格分析，以及九型人格，都很有帮助。它们能帮你确定你天生的喜好，找出你之前没意识到的强项和短处。
- 个人经历：你在重复做一件事的时候，肯定对自己是否擅长做这件事产生一种感觉。记住一点：经历不总是最好的老师——经过评估的经历才是！

英国前首相威廉·格拉斯通说过："一个人不浪费任何精力在不适合自己的目标上，他是明智的；在他能做好的事情中选择并坚持不懈、直到圆满完成任务，他就更明智了。"你越是在自己的优势区里做事，你就越能取得成绩，就越能发挥自身潜能。

管理优先次序

在我下定决心注意优先次序后，我发现，优先顺序很容易发生改变。为此，你必须经常评估和警觉。我总结的优先次序管理规则是：每一天，我都会根据自己的优先次序来生活。这意味着下面五件事：

每天评估优先次序

一位男士去看球赛。他的位置在球场最后一排，好半天才走到。比赛开始时，他发现 55 码线附近有个座位是空着的，便向那里走过去。他问了问座位旁边的男士："请问，这里有人坐吗？"

"没有。"那位男士回答，"事实上，这个座位也是我的。我本来要和妻子一起来看比赛的，但是她刚去世了。这是我们在1967年结婚以来，第一次不是两个人同来看球赛。"

"我很抱歉。不过，你没有找其他人来一起看球吗——你的亲戚或者好朋友？"

"没有。"那男人继续说，"他们都去参加葬礼了。"

优先次序并非一成不变，你必须每天审视。为什么？因为外界条件在不断改变，工作方式也要不断调整。你的价值观一旦定型，就将保持稳定。你要依靠自己的价值观，但是如何贯彻价值观，却可以灵活。

仔细安排计划

我看过这么一个故事：20世纪初期的伯利恒钢铁公司的总裁查尔斯·施瓦布，有一天向公共关系和管理专家艾维·李就如何提高生产率咨询意见。"我们知道应该做些什么。"施瓦布解释说，"但是如果您能够提供一个让我的公司更好运作的建议，我会听取您的意见——并且付给你所有合理的报酬"。

李表示可以帮忙，而且只需要花费施瓦布20分钟时间。他递给施瓦布一张白纸，说道："把你明天要做的最重要的6件事写在上面。"施瓦布按要求做了。

"把这六件事按照对你和公司的重要性依次排列好。"施瓦布排好顺序后，李接着说："现在把这张纸放在口袋里，明早第一件事，把纸拿出来，看着第一项事务。不要看其他，只看第一项，开始处理，直到完成为止。然后以同样方式处理第二、第三项事务……一直到这天结束。不要因为你可能只完成了其中一两件事而忧虑；至少你能保证你做完了最重要的事务。其他事情可能你采取其他方式也不见得能完成。没有系统的话，你可能花上十倍的时间才能把它们全部做完——还不一定能按照它们的优先次序。"

"每个工作日都这么做。"李说，"当你确信这套方法有效，让你的员工也照此尝试。你愿意试多久都无所谓，然后再按你认为这个建议值的钱，把支票寄给我。"

几周后，施瓦布给李寄去了一张25000美元的支票，还附上一封信，说这是他听过的最有益处的一堂课。没多久，伯利恒钢铁公司就成为了当时最大的钢铁企业。

一家市场调查公司的调查发现，只有三分之一的美国工人有每天的日程安排；只有9%的人按照计划行事，并完成所计划的事情。如果你希望自己有成效，你必须学会制订计划。我一般每40天做一个安排表。但当我计划某一天时，我会以小时为单位做计划。我很少在早晨起床时不知道今天应该做什么的，即使度假时也不例外。

根据你的计划行事

我在这里建议各位根据计划行事，并不是有意冒犯各位的智商，只是想再强调一下。时间管理专家亚历克·麦肯基的研究显示，大部分高级主管直到每天下午，才开始处理最重要的任务。为什么？绝大多数主管倾向于先完成一些不太重要的事情，从而获得一种成就感。

德国文学家歌德说："最重要的事情绝对不应让位于最不重要的事情。" 如果你为每天的安排制订计划，根据优先次序来生活，却没有跟进和执行，你得到的效果和那些根本不这样做的人是一样的。

尽可能授权

我发现，当涉及授权时，大多数人的反应可以归为两类——要么紧抓，要么推卸。有些人紧紧抓住任何一个在他们看来是重要的事情，不管他们是否是做此事的最佳人选。他们想要完美。有些人则推卸任务，很少考虑他们的收取会得到如何的成功。他们的目标是不做任何事情。

你如何找到最佳的授权标准呢？什么时候应该把任务推卸掉，什么时候又该紧紧抓住呢？我有一个判断标准：如果一件事交给其他人办，能达到你亲自处理的80%的水准，我就会把它交给别人，这已经很不错了。我只要去激励、鼓励和奖励他们，他们就会做得更好。按照这个标准，我对事情进行筛选。不久，那个人就做得比我更好了。这种情形出现时，是很令人满足的。

今天，我的团队中有很多人做事情比我更好。他们弥补了我的不足，超越了我对人们的期待。他们帮助我达致一个仅凭一己之力不可能去到的高度，而且让我能够活在优先次序中。营销大师彼得·德鲁克议说得很对："**如果下属高效有力，没有任何主管会遭罪。**"

每天投资在正确的人身上

在优先次序方面，我想再强调一个问题，这就是如何优先分配和他人相处的时间。我的朋友维隆·摩尔发现，"**当我们应该把优质时间花在有潜力的人身上时，我们却往往把它花在问题人物身上。**"他说对了。

你如何决定把时间花在谁身上呢？当然，你应该尊重每个人，和每个人都建立起良好、积极的关系。但是你不应该把时间平均分配给每个人。我用这个标准来判断如何投资我的时间：

- 对于团队的价值
- 自然能力
- 责任感
- 时机
- 潜力
- 可塑性

现在，我最喜欢指导的是一个叫做凯文·斯摩尔的年轻人。他是我的公司之一——音久（INJOY）公司的总裁。斯摩尔非常聪明，具有无穷潜力。没有人能够像他那样深刻影响团队。他仅 32 岁，已成为这个国家最年轻的公司总裁之一。我对他在接下来 10 年里能取得什么样的成就很期待。

对优先次序的回顾

能够在事业初期就认识到优先次序的重要性，我深感幸运。它对我的人生和事业产生的影响，是任何其他事情不可比拟的。原因是：

在我二十多岁时……优先次序让我摆脱做不到所有事情的负罪感。
在我三十多岁时……优先次序让我把自己的强项和弱项分开。
在我四十多岁时……优先次序给我的工作带来了很大回报。
在我五十多岁时……优先次序让我扬长避短地聘用员工。

如果你想提高自己的专注，使之达到之前从没体验的高水平，每天记得为你生活确定优先次序，然后每天管理好这些优先次序吧。

孩子是她的优先

任何时候任何人达到其事业的最高峰，我敢肯定，这个优先次序对他们是非常重要的。贝茜·罗杰斯就是其中一个典型例子。罗杰斯是阿拉巴马州利兹县的一名老师，她是 2003 年度全国优秀教师。罗杰斯似乎每分每秒钟都想做教师。教师这个职业流淌在她和她家族的血液中。罗杰斯 6 岁时，她祖母就在阿拉巴马州的乡村教书。她祖母的两个妹妹也跟随姐姐投身于教育事业。罗杰斯的母亲教书长达 55 年，所以罗杰斯上大学时，很自然就选择教师作为自己的专业。

"我想改变学生们的世界。"罗杰斯说，"但几年后，我意识到自己并不能改变我的学生们所生活的世界。不过我相信，对于部分学生来说，学校是他们能够享有的最好空间。我承诺要将课堂营造成学生能够享受的安全地带，创造一个环境，让遭受不幸的孩子能在此找到欢乐。"

罗杰斯 1974 年大学毕业后立刻开始教师生涯。之后有一段时间，为了抚养儿子到学龄前，罗杰斯在家待了 6 年。不过她知道，只要自己的孩子年龄足够大，她就会立刻回到教室。对她来说，能够融入她教书的社区，是她生活的一个优先。在 20 世纪 80 年代，她和丈夫在学校附近买了一块废弃农场。罗杰斯说：

> 当丈夫和我 21 年前从一个富裕城市搬家到利兹县时，我们考虑的是希望自己的孩子能够在一个人口更加多样化、具有

乡村特色的环境中长大……很多同事认为，生活和工作在同一个社区，不是很方便，但是我觉得，能够融入这个社区对我来说是非常有回报和有意义的。通过在这里的工作和生活，我真实地感受到自己也是这个社区的承担者。

由于成功地融入社区，罗杰斯能更好地帮助她的学生。她经常到学生家里去拜访，把学生带到自己家进行辅导，还参加了很多学生的课外活动。"我们应该为自己的职业感到自豪。"罗杰斯说，"我们应该成为他人的模范。我们不应该忽视我们对学生们的无形影响力。"

专注于进步

因为专注，罗杰斯在事业上不断取得进步，不断挖掘自己的潜力。她认为老师应该为学生树立一个"活到老，学到老"的榜样。她对此并非只是说说而已。当她的两个儿子都上大学时，罗杰斯自己也进入校园深造。在1998、2000年和2002年，罗杰斯获得了三个硕士学位。

作为国家优秀教师，罗杰斯理应花一年时间以客座教师身份到处访问，并成为国际教育界的女发言人；然后，再利用自己的知名度作为跳板，到一所收入更丰厚的学校任教，或者在待遇更好的职位上谋得一官半职。但罗杰斯没有这么做。她考虑去一所成绩差得出名的乡村学校教书。毕竟，如果不能将自己学来的东西传授给他人，单纯提高自己又有什么意义呢？邻居们认为罗杰斯是"一个天生具备与众不同的教育天赋的人。对她来说，教师不仅是个职业，也是快乐，是每日的新发现，是她的个人爱好。"罗杰斯总结道："我从小就明白到，在这个世界上，我们要学会服务。"这就是她的优先次序；而且她每天都按此去努力！

应用与练习：
每天确定优先事项，并根据优先次序来行事

你今天的优先次序决定

关于你的优先次序，你处于什么状况？自问下面三个问题：

1. 我是否已经做出决定，每天确定好优先次序，并根据优先次序来行事？

2. 如果是，我何时做出这个决定的？

3. 我具体决定了什么？（写在下面）

_____

_____

_____

你每天的优先次序自律

根据你做出的优先次序决定，为了成功，今天和每一天，你约束自己做的其中一件事情是什么？（写在下面）

_____

_____

_____

弥补昨日

如果你在做出优先次序的决定、及每天把它活出来等方面需要帮助，请尝试做以下练习：

1. 你如何看待过去？你认为它是珍贵的财富，还是对其抱有懒洋洋

的态度？到目前为止，你对待时间的方式，是如何影响你的生活的呢？

2. 找一天休息时间，好好思考本章的三个问题：

　　什么是我应该做的？

　　什么能给我最大回报？

　　什么能给我最大奖赏？

你对这三个问题的认知，是如何促进你改变自己的生活的？

3. 从你目前的日程表中，找到一个相对重要的目标，根据优先次序并依照以下方式尝试达成它：

- 确定优先次序：知道什么是重要的。
- 组织：决定该做什么。
- 计划：决定什么时间做。
- 沟通：和你的团队分享你的优先次序。
- 执行：执行你的计划。
- 评估：依照优先次序来进行自我评估和检查结果。

展望明天

花点时间想想，你的优先次序决定，以及每日自律，如何对你的将来产生积极的影响。复合效益如何？（写在下面）

_____

_____

_____

用你所写的不断提醒自己，因为今天的回顾能激励你每天自律，每天自律能将你昨日的决定最大化。

第五章

今天的健康赋予我力量

在这章开头,我必须承认,一般说来,读者捧起一本书,尤其是那种给予建议的书,他们会认为作者肯定是书中言及的所有方面的专家。但对我来说,在谈到健康话题时,我确实不是什么专家。

曾经有很长一段时间,我几乎忘却了健康的存在。并没有别的原因,确实只是自己忽略而已,因为一直以来,我的身体都健壮得像头牛。唯一的小毛病的就是季节性过敏,不过我能应付得来。事实上,在我进行公共讲演的30年里,从最初的牧师到随后的会议和研讨会的领导者,我从来没有因为生病而缺席过一场活动。一场也没有!我几乎不生病,始终充满活力。即使当我忙得如人生之烛两头燃烧时,我仍然还存有足够的精力做事。

我之前的生活节奏很快。约有十年时间里,我兼任两项要求极高的工作。我管理一个有着3000教友、超过50名员工的教会,每年的开支是500万美元。同时,我还是一个领导力发展组织的负责人,每年需要四处巡回演讲超过100天。当我卸任教会的管理工作,专心投入到该组织后,我每年的旅行更是几乎翻了一倍。其间我把这个领导力发展机构做大,员工人数从最初的18人增长到175人。

要保持如此高速的生活节奏,意味着我很少做运动。我饮食不科学,超重。但是我并不担心。每年我做一次体质测试,报告单显示成绩相当不错。所以我把健康完全视为理所当然。

派对惊魂

1998年12月18日的一个插曲,完全改变了我对健康的态度。那是公司每年为员工和家属举办的圣诞派对。我们在亚特兰大的755俱乐部共享了一顿美好的晚餐,还有勇士乐队表演助兴。我们大部分人一边欣赏音乐,一边跳舞。在派对快结束时,我感觉不舒服。其中一名员工在与我拥抱道别时,发现我脖子上冒出了冷汗。突然,我感到自己的心脏一阵剧痛,倒在地上。我之前从没有过类似的感受。当我躺在地上等待救护时,我觉得好像有只大象踩在我胸口上。我非常感恩当时身边还有妻子玛格丽特、孩子们和很多我最要好的朋友们,否则我真的不敢想象会发生什么。

我被送到医院,并被告知,刚才出现的是一次严重的心脏病发作。接下来几个小时里,我躺在急救室,看着医生尝试着不同的救治方法,却始终未见成效。我的助手琳达·艾格斯见状,只能打电话找人求助。6个月前,我和一名名叫约翰·布赖特·凯奇的心脏病专家共进了午餐,并谈及自己的健康状况。临别时,他给我留下了家里的电话号码,说如果以后我有什么困难,无论白天夜晚,都可以找他帮忙。所以那天尽管已经是凌晨2点,琳达还是拨通了凯奇医生的电话。不到一个小时,亚特兰大最好的心脏病专家之一,马绍尔医生,率领他的同事来到了急诊室。原来是凯奇医生打电话给马绍尔医生,让他来帮我救治。

凌晨,马绍尔医生动了个手术,为我去除了一块即将进入我心脏的凝块。他救了我的命。之后,他向我解释说,那次手术采用的是最新研究的一种新技术。如果我是在一两年前发作,基本上就没有获救希望了。老天,那场意外差点就要了我的命!

为什么健康帮助你赢在今天

尽管强调健康如此重要看起来似乎没太多必要,但我在这里还是想说几句,因为我相信,很多人对健康也是抱着我之前五十多年来存有的错误态度。以下就是在谈及健康时应该注意的:

你的健康影响你的情绪、智力和精神

你可以摆脱很多可能伤害你的事情,你可以放弃一份危险的职业,你可以从一个环境换到另一个环境,你可以总是避开某个试图伤害你的人;但是你不可能避开自己的身体。你这一辈子,就只能待在这里了。如果你经常作出让自己受到伤害或者不健康的选择,这会影响你生活的所有方面——你的情绪、智力和精神。试想,如果你患有牙痛,你还能够积极、专注地思考或者祷告吗?如果患病更严重,情况显然更糟糕。

健康决定了生活质量及数量

我的朋友、著名销售大师金克拉问过我一个问题:"如果你有一匹身价数百万的赛马,你会让它抽烟、喝酒和熬夜吗?换作是一只几千美元身价的狗呢?"你当然不会。一匹没有受到悉心照料的赛马,肯定不能赢得比赛,一只健康不佳的狗也不可能有出色表现。既然你不允许自己的动物或宠物抽烟、酗酒、熬夜,为什么你允许自己这样做呢?

你认识那些饮酒过量甚至吸毒的人吗?这种放纵行为往往导致人的早逝。最起码也让人未老先衰,或者导致严重的健康问题。

保持健康身体比恢复健康更容易

人们总是很有趣。年轻的时候,他们总是用自己的健康去换财富。之后,他们又情愿花所有的钱去努力换回原本的健康。我曾经陷入相同的轨迹,尽管我不是刻意追求财富。我只是追求一种使命感,一种实现

目标的成就感。这让我犯了很多错误，包括，我对自己的健康很无知；我以为感觉不错就意味着健康；我工作过于努力；我运动不够；我不听取好朋友对我生活方式的提醒和建议。

保持健康总比恢复健康更容易。不幸的是，在健康方面，有些东西贻误了就是一辈子的事，永远难以弥补。

作出决定，明白并遵循每日健康自律

从医院康复后，我真的感到能活在世上，是多么幸运。心血管疾病是美国和欧洲地区致死率最高的疾病。更令我感到幸运的是，马绍尔医生告诉我，这次心脏病发作不会给我留下后遗症。这意味着我可以完全康复。

马绍尔医生告诉我说，一般而言，早些时候心脏病发作（并能从中吸取教训）的人，往往比之前从未有过心脏病发作的人活得更长、更健康。对于我来说，未来能否保持健康，取决于自己能否改变原来的生活习惯，并坚持下去。具体来说，马绍尔医生让我多食低脂食品，每天做运动。之前我当然也尝试过减肥，但是我那时每天的食谱却是另一番景象：

早餐：半个柚子，一片全麦切片面包，8盎司脱脂奶；

午餐：4盎司去皮煮鸡胸脯肉，一碗蒸椰菜，一块奥利奥饼干，无糖茶；

下午茶：剩下的一筒奥利奥饼干，一夸脱冰淇淋，一小罐软糖；

晚餐：两条蒜泥面包，大份意大利辣香肠比萨，一罐可乐，一整块冰冻奶酪蛋糕。

就这么多了！55岁时，我为了健康做出一个决定：我要通过多做运动、科学饮食来更好地照顾自己。

如果你明白一个健康身体的价值，但又很难做出决定去掌握并严格遵循科学的健康指南，通过以下的阅读，希望能让你对健康这个课题有更好更多的认识：

拥有一个值得活的目标

帮助一个人去做应该做的事情，没有比这更好的了。当你有了一个值得去活的目标，这个目标不仅能激励你活得更长，也能让你看到在实现目标过程中重要的每一步。看到大画面能让我们熬过小波折。

如果未来没有希望，现在的生活肯定缺乏动力。实现目标的使命感能让人做出决定去改变，并把这种改变永远坚持下去。在经历了那次心脏病发作后，我更是深有体会。在我恢复期间，经常和我在一起的朋友时常看见我拒绝吃甜食——这可不是我的特性。最后他问我："你难道丧失了对甜食的兴趣？"

"不"，我回答道，"但是我对生命的兴趣更强烈些。"

从事你喜欢的工作

生活中引发压力的一个主要原因，就是从事自己不喜欢的工作。喜剧女演员莉莉·汤姆林说："老鼠赛跑游戏的本质问题是，即使你赢了，你也只是一只老鼠。"我认为有两个主要原因导致压迫感。如果你认为自己从事的工作不能够为自己或他人增添价值，很快你就会感到士气受挫。如果这种状态维持一段长时间，就会把你拖垮。为了保持健康，你的工作需要与自身价值观相匹配。

人们不喜欢自己工作的另一个原因是，他们从事自己不擅长的事情。没有人可以长时间保持这种状态并取得成功。比如，大多数人讨厌公众演讲。如果要求你每天站在一大堆观众面前发表演说，你会有什么感觉？这是人们头号恐惧的事情。但是对于我来说，却是我最大的快乐。即便在会议上演说六七个小时，我也不会感到疲倦。我像着了火那样！公众演讲让我充满了活力。

要判断自己是否在优势区工作的标准之一，就是你是否感到这份工作给你带来力量。即使在你事业初期，或者尝试一个新事业，你可能一开始并非样样在行，你仍可以判断自己是否在优势区工作。判断的标准就是看自己如何对待挫折。犯错误后，你跟更有动力去克服挑战，说明你在优势区工作；相反，如果犯错误后，你感到害怕，说明你在劣势区工作。

找到自己的节奏

米奇·曼特勒说："**如果早知道自己会活这么久，我就会更好地照顾自己了。**"我想很多步入老年的人对这句话很有同感。懂得照料自己的其中一个要求，就是找到并保持适合自己的节奏。如果你的节奏低于你精力允许的范围，你会变得懒惰；如果你始终处于超过自己承受范围的快节奏中，你会透支。你必须找到平衡点。

我之前说过，我一直是个精力充沛的人。我曾经常常以为世上没有什么事是自己做不到的。但在 1995 年，我 47 岁的时候，一面要管理教会，一面忙于自己的公司，我吃不消了。这两个工作我都热爱。但是同时兼任两项工作十余年，这让我感到了难以承受的压力。

一天，我对妻子玛格丽特说："我不能这么下去了。我必须在这两者之间做出选择。"玛格丽特几年来一直劝我减少工作量，但是当听到我突然冒出这句话时她有些惊呆了。她说，"自从我认识你以来，这应该是我第一次听到你说自己累坏了。"

即使今天，在我 60 岁的时候，我仍忍不住把日程表安排得满满的，尽管我知道太快的节奏对我健康不利，但是有太多的事情我想做。我想写书，想帮助更多的人。一方面维持一个健康的生活节奏，另一方面尽可能在这一辈子多做事情，我努力在两者之间找到平衡。

接受自身的价值

在纽约世贸中心大楼遭受袭击后的一段时间里，"天佑美国"这首歌在各种场合被反复播放。这首歌的作曲者是欧文·伯林。伯林创作了许多脍炙人口的通俗歌曲和百老汇歌剧。我看到一篇采访伯林的文章。采访者问伯林，如果有机会，他最希望别人问他什么问题。伯林回答道:"的确有一个问题我很希望别人问我,那就是,'你如何看待自己创作的那些没有热卖的歌曲?'我的回答是——我仍然认为它们很棒!"

无论是否被大众接受,伯林对自己的价值始终有着良好的认识,并对自己的作品充满自信。这份自信并不是每个人都有的。事实上,一个糟糕自我形象是构成许多威胁健康的状况的原因之一,包括酗酒、不健康无规律的饮食和吸毒等等。

心理学家乔伊斯·布拉泽斯说过:"一个人对自身定位的认识,影响他行为的每个方面,包括学习能力、成长和改变的能力、选择朋友和配偶以及事业等等。**如果说拥有一个强有力和积极的自我形象,是为取得成功所能做的最佳准备,一点也不夸张。**"如果你的自我形象对你的健康产生了负面的影响,请立刻寻求专业帮助。

大笑

内科医师伯尼·席格尔在《和平、爱和康复》一书中写道:"我做过研究,结果令人悲哀。每个人都会过世,任何人。我之所以告诉你这些,就是希望那些凌晨5点就起床跑步的人,可以偶尔睡个懒觉;整天吃蔬菜的人,也可以吃个冰激凌甜筒之类的。"

我们不要把生活或者自己搞得太僵化。我们每一个人都有引发自己绝望或者开心的特质。比如,牵涉工具或技术之类,我往往一窍不通,甚至一筹莫展。我索性就不让这种情况出现来烦扰自己。如果你可以经常大声自嘲,你会感到轻松自在。这应该是摆脱绝望和压力的最好办法。

管理健康

对于某些人来说,坚持健康的自律不是什么难事。我的朋友,芝加哥柳溪教会的主任牧师比尔·海波斯,就是其中一位。他科学饮食,定期运动,体重自然维持得不错。在我心脏病发作前几年,他就提醒我要好好照顾自己的身体。他曾经和朋友们开玩笑,说他在控制饮食时,我却在大快朵颐，猛吃甜点。他对我健康的担忧不无道理，尽管我的毛病多是遗传病症，但是我不健康的生活方式无疑只会把身体搞得更糟。

见过马绍尔医生后，我给自己定下了新的健康自律：每天只吃低脂食品，运动至少35分钟。马绍尔医生告诉我，85%的心脏病患者都能在6个月内摆脱病症。尽管我在生命头50年里没有在这方面取得成功，但是我决定在余生里不能被心脏病再次困扰。

妻子玛格丽特和我开始学习心脏病的一切知识，坚持低脂饮食和运动。我成为实践健康自律的模范。2001年5月，我去拜访马绍尔医生时，他向我表示祝贺。他说，"约翰，你做得很好！你已经不需要再把自己看做心脏病患者了。"

我希望我从来未曾听到这番恭维。我比较贪吃，可以说是一个"馋鬼"。由于在马绍尔医生那里听到那么好的评价，我给自己的饮食放宽了条件，偶尔破一下例——这可是我在过去两年半来没有试过的。几周后，玛格丽特、我，还有几个朋友一起去伦敦度假。我纵容自己吃了一些两年多来一直未碰过的食物。每一口都让我兴奋不已，尤其是鱼和薯片。

但问题是，我这样做，就意味着违背了自己立下的规矩，不再按照健康自律来管理生活。一旦我没有百分百地践行承诺，我就陷入了麻烦。我必须每天都坚持合理饮食和适当运动，但我却松懈了：从每天都坚持，到大多数时间坚持，再到一般情况坚持。我忘了自己提出的理论：每一天都很重要。如果忽略了太多的"今天"，你会发现，原本自己竭力避免的"某些天"也逐渐成为了现实。

好消息是，我终于不再执迷不悟了。我重新开始每日坚持健康自律。不过坏消息是，我现在所做的只是原来标准的80%而已。马绍尔医生想帮助我。他是一名优秀的医生，同时也是我的好朋友。他知道，有时最好的药是精神愉悦。健康就像一个战场，我必须取得胜利。在我为了健康而努力的同时，我希望你们也能和我一样，从以下几个方面做起：

正确饮食

有一天，一对老夫妇在一场车祸中丧生了。他们结婚已有60年。由于妻子每天坚持要求丈夫和自己注意科学饮食和适当运动，他们的身体状况很不错。在天堂，圣·彼得（耶稣的 12 个门徒之一）在门口遇见老夫妇，带领他俩进入他们的房子。一进屋，老夫妇看到一个巨大的厨房，装潢考究的套间，以及一个按摩浴缸。

"太棒了！"老头不禁感叹，"这个屋子每天要收我们多少钱呢？"

"当然不用付钱。"圣·彼得回答道，"这里是天堂"。然后他领着老夫妇走出屋子，告诉他们这座房子正好修建在高尔夫球场第 18 个球洞的球道上。

"你们可以尽情打高尔夫球。"圣·彼得说，"这座球场是依照奥古斯塔的球场建造的——你可以在高尔夫专卖店查到每周球场的安排表。"

"太难以置信了！"老头叫道，"果岭费是多少呢？"

"在天堂我们不收果岭费，这是免费的。"圣·彼得回答说。

之后他们去了一家俱乐部会所，那里正举办自助餐会，其规格之高是这对老夫妇从未见过的。餐桌上包括清蒸大龙虾、鱼子酱、上肋、珍稀禽类等，还有准备细致的各种蔬菜，刚出炉的面包糕点、不同口味的黄油，以及一张供应甜点的餐桌，简直把老两口的魂都勾走了。

"我们在这儿吃要付钱吗？"老头又一次问道。

"你难道不明白吗？"圣·彼得有点被老头没完没了的问话激怒了，"这里是天堂！在这里吃饭是免费的！这里的一切都是免费的！"

"好的。"老头子继续问道，"请你告诉我哪里是低脂低热量食物区域？"

"终于问到点子上了。"圣·彼得说，"你可以想吃多少就吃多少，在这里你永远不会变胖或者生病。"

老头听了一下子跳起来。他把帽子一扔，使劲地踩在上面，然后把它撕得粉碎，绕着屋子狂奔起来。圣·彼得和老头的妻子费了好大劲儿才让他平静下来。老头总算能停下来说句话了，他对妻子说："这都是你的错！如果不是你整天要求我们吃什么麸皮松饼之类的食物，我们 10 年前就来到这儿了！"

马克·吐温说："**保持健康的唯一办法就是吃你不愿吃的，喝你不愿喝的，做你不愿做的事情。**"这番话有些夸张的成分，但是确实有道理。如果我们可以写下自己的健康饮食守则，我想很多人会这么写：

1. 如果没有人看见你吃它，它就是不含热量的。
2. 如果你在喝无糖软饮料，再吃上一大块糖，热量就会被中和。
3. 如果你和朋友吃的一样多，对于你们来说，热量就不会累加。
4. 为了治病而吃，就没事。
5. 让自己看起来更苗条的秘诀在于，让周围的人都更胖。

健康饮食的关键在于适度，安排和控制自己的饮食。不要相信那些速效健康食品。不要为你昨天吃了什么而忧心，也不要把正确饮食拖延至明天。只要吃那些对你健康最好的东西。专注于当前。

如果你不是很确定自己吃得如何，不明白自己应该吃什么、不吃什么，去做一次体检。医生会告诉你，你吃得怎么样，以及如何改变你的饮食。

运动

我知道，大多数人对运动的态度都是比较极端的。他们或者热爱运动以至于运动过量，或者讨厌运动而一概拒绝。坚持运动其实是保证健康的关键之一。美国加州大学伯克利分校的流行病学者、内科医师拉尔夫·帕芬博格曾经就运动对健康的影响做过一次有意义的试验。帕芬博格写道：

> 我们知道，保持良好体态能保护自身免于心血管疾病、高血压、中风，以及成人期始发糖尿病、肥胖症、骨质疏松症，或许还有结肠癌或其他癌症，以及临床忧郁症。适度运动对于保证高质量生活的积极影响无疑是巨大的。

参加过151场马拉松比赛的帕芬博格认为，运动对于任何年龄层的人来说都是有益的。

但是运动也有不尽如人意的地方——我们很难立即看到运动的效果。有人每次运动后都给自己称体重，发现收效甚微。第二天称体重，没有变化；再过一天，还是一样。或许到第5天结束，你才发觉自己大约轻了半磅。这样看来，运动确实容易让我们产生挫折感。但是只有经过前面 4 天的自律，你才有可能在第 5 天看到成绩。

在这方面，成功的关键就是坚持。我一周至少 5 天，每天在跑步机上走至少 35 分钟。这是我的医生建议的。如果你之前没有每天运动的计划，尽快开始吧。具体做什么运动并不重要，只要坚持。向医生咨询一下，可以的话，雇一个健身教练，按照适合自己的项目去安排运动计划。

有效对待压力

100 年前，大多数疾病的病因都是和传染病有关的，今天，疾病的起因却多数和压力有关。英国精神健康委员会曾经列出一系列问题，供人们参考，判断自己是否被压力困扰。问题包括：

- 一些小问题或者小挫折是否让你感受到超过它们应有的困扰？
- 你是否觉得很难与别人相处（别人也很难与你相处）？
- 你是否发现很多原来自己的爱好，现在你提不起兴致了？
- 你是否经常感到焦虑？
- 你是否害怕一些之前从来不担心的情形或者人？
- 你是否变得多疑，甚至怀疑朋友？
- 你是否曾经感受到陷入困境？
- 你是否有无力感？

如果你对以上问题的回答多是肯定，压力很可能已经成为你要面对的问题。每个人都要面对困难，并时常感到压力。压力是否会转化成压迫感取决于你如何面对这些压力。我自己就有一套避免让压力变成压迫感的方法：

- 家庭问题：多交流沟通，无条件的爱，多些共处时间。
- 选择优先：创造性思维，听取他人的建议，坚韧。
- 员工生产力的问题：立即与有关人士交流，表达关切。

- 员工或主管态度恶劣：直接换人。

我认为，一旦有压迫感出现，最糟糕的办法就是拖延而不解决。如果你尽快找到正确的对象寻求解决，而不是让事态扩大，你就能大幅降低压力转变为压迫感的几率。

对健康的回顾

成功者往往在生命较早的时候做出重大决定，并且每日管理好它们。在本书其他章节里，我将向大家讲述我是如何做出一些重大决定，以及每天遵循哪些自律，这些对我的人生产生了全方位的积极影响。我很抱歉我在健康方面做得还不够好；不过，我可以告诉各位，做出不利于健康的决定会产生什么坏结果：

在我十几岁时……我养成了许多坏的饮食习惯。

在我二十几岁时……食物成为我艰苦工作之余排遣压力的有效途径。

在我三十多岁时……我终于开始做运动了，但是这往往是我的日程表里最后的安排。

在我四十多岁时……我认识到我需要更多关注健康，但却没有每天自律。

在我五十多岁时……我终于做出决定了解更多健康知识，并每天自律，遵循我很难保持的承诺。

在本书讨论的各个领域中，你可能会有一个或几个领域做得较薄弱。或许你对此感到不满意，像我一样寻求改善。千万不要气馁，千万不要放弃！记住这几句话，它们将时刻激励着你我去努力：

我的朋友，尽管时光不能倒流，人生无法重新开头；

但你可以从现在做起，创造一个全新的结果。

第五章　今天的健康赋予我力量

年龄不是问题

每次我为自己在健康路上的后进感到懊丧时，我总会想想那些从来就不让年龄成为他的健康障碍、坚持每日自律的人。看看这些人在人生后半段是如何表现的吧：

- 41 岁时——戴着手铐、从旧金山的恶魔岛游至渔人码头。
- 45 岁时——在 1 小时 22 分内完成 1000 个俯卧撑和 1000 个引体向上。
- 61 岁时——潜水游完金门大桥的长度（有氧气筒），戴着手铐和脚镣，还拖一艘一吨重的船。
- 70 岁时——在长岛港口拖着 70 艘载有 70 名乘客的船，游完 1.5 英里，戴手铐和脚镣。

上述伟绩出自现今 88 岁的健身专家杰克·拉兰内之手。拉兰内的健身教程在 1951 年至 1958 年在电视上热播。我是在五十多岁的时候看到他的节目的。

拉兰内在他 15 岁的时候认识到健康的重要性。那时他恰好听了一节健康饮食和运动的课程。拉兰内改变了原有的饮食习惯，并发明了一种举重器械进行运动。"我把自己变成一名运动员"，拉兰内说，"我从一个瘦小笨拙的小男孩变成了高中橄榄球队队长。"

拉兰内在大学读医学院预科，因为他想成为一名医生，不过他决定去帮助人们预防得病、保持健康（之后，他从脊椎指压治疗学院毕业）。拉兰内没有去做医生，反而开了一家健身房。拉兰内解释说："医生们多次打击我。他们都认为举重是危险的项目，并以为我总是信口开河。我说过，如果不是那些健康专家这么多年来打击我这么多，我身高可以达到 2 米，而不是现在的 1 米 78。不过今天，医学界终于认同我了。"

那是在加州的奥克兰市，1936 年，拉兰内只有 21 岁。他创造出大量的举重器械，很多至今可以在健身房看到。他成为一名健身运动员，不过他始终专注于帮助人们保持健康。即使今天将近 90 岁，拉兰内仍然在美国和全世界巡回宣讲健康和健身。当然，他每天一如既往地关注自身健康。他每天运动两小时，一周 7 天，天天如此。他自嘲为"运动狂人"，建议普通人无须像他那样。拉兰内说："对大多数人来说……每天运动时间不用超过 20 - 30 分钟……每周 3 - 4 次就可以了。但是要保证质量。开头不要做得太猛，慢慢来。如果你想真正去健身，就需要去做一次体检。"

拉兰内相信，任何人，任何年纪，无论健康状况如何，只要用心，都能更健康。他的建议很直白：

> 如果你超重，就让体重恢复正常。改掉饮食过度的坏毛病。适度运动是第一位的！我不管你身体有什么毛病，你都可以做一些事情——对吗？可能有 10 个运动你做不来，但是有 100 个运动你可以做。

拉兰内始终保持强健体魄。他说他还有一个创举想实现：从卡塔利纳岛游到洛杉矶——42 公里——还是潜水。"我从来不考虑年龄"，拉兰内说，"我只想着今天。我不去思考明天的事情，我只想着此时此刻，我应该做些什么。"这就是我们每个人都应该采纳的建议。

应用与练习:每天明白并遵循健康自律

你今天的健康决定

在健康方面,你处于什么状况?自问下面三个问题:

1. 今天我是否已经作出决定,每天明白并遵循健康自律?
2. 如果是,我何时做出这个决定的?
3. 我具体决定了什么?(写在下面)

_____
_____
_____

你每天的健康自律

根据你做出的健康决定,为了成功,今天和每一天,你约束自己做的其中一件事情是什么?(写在下面)

_____
_____
_____

弥补昨日

如果你在保持健康和执行每天的健康自律方面需要帮助,尝试做以下练习:

1. 写下所有让你认为使生活有意义的事情和人,列一张表;然后写下一个健康长寿的生活给自己带来的益处。
2. 评估自己的工作。你是否在做着你爱做的事情?你的事业能够让你的天赋、技巧和爱好得到最大限度的发挥吗？你的工作和你的人生目标是否相符呢？随着年纪的增长，这种相符的程度也应该提高。如果你年逾40，仍然在寻找自己的轨道，或者思考自己真正想要什么，你现在就要做出改变。（写在下面）

3. 以下是美国首席医师理查德·卡莫纳就保持健康给出的10条建议，按照这些要求去做吧！

（1）不要抽烟。

（2）饮食平衡。

（3）适度运动。

（4）如果你喝酒，千万要适度；万万不可酒后驾车。

（5）定期检查身体。

（6）不要吸毒。

（7）使用安全护具（安全带、护目镜、安全头盔等等）。

（8）说出自己的感受。

（9）了解家族健康史。

（10）放松。

4. 和医生见面，研究你整体身体状况及健康状况。让医生给你制定一份保持健康的生活习惯的计划。（注意：男性每年主动见医生的次数仅是女性的一半，进行定期检查和出现病症去看医生的次数也较女性少得多。所以男性在健康方面必须特别用心，需要强迫自己去遵照这个步骤执行。）

展望明天

花点时间反思你的健康决定，以及每日自律，如何对你的将来产生积极的影响。复合效益如何？（写在下面）

_____

_____

_____

用你所写的不断提醒自己，因为今天的回顾能激励你每天自律，每天自律能将你昨日的决定最大化。

第六章

今天的家庭赋予我稳定

家庭能给我们的生活带来什么不同？它如何影响一个人的生活？理查德·达格代尔在1874年一直问这个问题。作为纽约州监狱执行委员会成员之一，达格代尔接受委派去视察纽约州13个监狱的情况。他在某个县惊讶地发现，有一个家族的6名成员都被关押在同一所监狱里。他们被指控犯有偷盗、强奸未遂、故意伤害致人重伤等罪名。达格代尔从该郡警察长官那里了解到，这个家庭从纽约州设立起，就居住在该地区，一直以来由于罪行累累而声名狼藉。

达格代尔对此很感兴趣，打算对这个家庭作进一步研究，并以朱克斯作为这个家庭的代号。他发现，这个家庭可以追溯1720年至1740年间出生的一个名为麦克斯的人。麦克斯有6个女儿和2个儿子，其中个别是他的私生子。他是个有名的酒鬼，对工作缺乏热情。

据达格代尔估计，这个家族至少有1200名成员，但他只能掌握709名成员的基本资料。1877年，达格代尔发表了名为《朱克斯家族调查：犯罪、贫穷、疾病和遗传》。在书中，他向公众介绍了这个家族所表现出的生存方式，这些特点包括具有犯罪倾向、淫乱、贫穷，非常惊人。

- 180人是乞丐（占25%）
- 140人是罪犯（占20%）

- 60人是惯偷（占8.5%）
- 50人是妓女（占7%）

根据达格代尔的研究，这个家族的名声坏透了。该地区的工厂主每个人都有一份该家族的成员名单，以确保其中的成员不会进入自己的工厂。

达格代尔和许多之后的研究者都希望能找到遗传因素在朱克斯家族的特有表现中所扮演的角色。现在，科学家认为，没有所谓的"犯罪基因"可供解释。但是有一点是确定的：成为朱克斯家族的成员，对于其生活有着负面影响，令其成长充满不稳定。

另一种家庭

有人要问：难道朱克斯家族一直以来没有任何人能摆脱其他成员恶劣行径的影响，跳出毁灭性的怪圈？当然有。但是它的负面影响是显然的。如果你对生活在同一时期几乎同一地区的另一个家庭进行研究，你会发现，还存在另一种类型的家庭。

这个家庭的男主人是乔纳森·爱德华兹。他出生于1703年，是一名神学家、牧师及普林斯顿大学校长。他和夫人莎拉拥有11个子女——3个儿子和8个女儿。爱德华兹夫妇相伴31年，直到爱德华兹因接种天花疫苗后出现排斥反应，高烧不退而逝世。

1900年，一位学者对爱德华兹夫妇的1400名后裔的情况进行了调查，发现这些成员中有：

- 13名学院院长
- 65名教授
- 100名律师，包括一名法学院校长
- 30名法官
- 66名医师，包括一名医学院校长

- 80名政府工作者，包括3名参议员，3名大城市市长，3名州长，1名财政部长，1名副总统。

两个家庭的对比显而易见。是否所有爱德华兹的后裔都取得了成功呢？当然不是。但是通过比较，我们能清楚地看到一点：一个好的家庭，为其成员的人生提供了惊人的优势。

为什么家庭帮助你赢在今天

你可能会这么想，你说的没错，完全正确，但是，我的家庭不像爱德华兹家庭那样，这于我有什么用？让我们看看。有些家庭并没有提升其家庭成员，相反，他们将子女的成长道路践踏得粉碎。美国伟大小说家马克·吐温说过，他花了一大笔钱去追溯他的家谱，然后又花了两倍的钱试图将家谱藏起来。据称，他的家族曾为了使族谱更有颜面，专门雇佣职业写手写作家谱，但是对于如何叙述家族的害群之马，实在感到为难。马克·吐温的叔叔乔治因为犯有谋杀罪而遭电椅处决。对此，这位写手说："这好办。我会说，乔治叔叔坐在一家重要政府机构内的一张布有电路的椅子上，被最坚实的绳子系上。他死得很突然。"

的确，你不能改变你的祖先或者你的生长过程。你无法控制你父母或者外祖父母所做的事情及对你的态度。**尽管你对自己的祖辈能做的事情不多，你却可以大大影响你的后代**。你可以决定自己如何对待你的家庭。你，只有你自己，才可以决定是否留下来解决问题、并战胜困难，或者在困难出现的时候选择离开。你可以决定花多少时间与你的亲人在一起，他们或提升你，或把你拽倒（即使是最失调、最具破坏性的家庭，也有意志坚定的成员在其中。朱克斯家族也是如此）。你自己可以决定如何对待他人。

你如何对待家庭生活对你如何生活有着重大影响（对你留给后代的传承也有很大影响）。如果你愿意下工夫——我知道，对于那些家庭有严重问题的人来说，其工作量是惊人的——你的家庭就能成为稳定和力量的来源。一个健康、能提供支持的家庭就像……

暴风雨中的避风港

现代社会给人以很大的压力。工作单位充满压力，学校也往往有敌对的气氛。生活节奏完全失控。哪怕是在大城市里开车从一个地方到另一个地方，也令人感到神经紧迫。在这样的环境下，人们如何找到一个栖息之地呢？我想，如果答案不是家庭，还能有什么呢？

有位记者曾经询问美国总统西奥多·罗斯福，他最愿意和谁共度时间。罗斯福回答说，相比世界上任何达官显贵，他更愿意和家人共度时间。对于他来说——以及他的家人——家就像一场暴风雨中的一个安全的避风港湾。

一本载有回忆的影集

一对新婚夫妇度完蜜月回来组建新居。在新家的第一个早晨，妻子决定为丈夫做一份早餐来表达爱意。她煎了鸡蛋，烤了面包，并为丈夫冲了一大杯咖啡。结婚之前她并没有怎么做过饭，不过她希望丈夫能够为她的努力而高兴。尝了几口后，丈夫说道："这和我妈妈做的早餐不是一个味。"

妻子尽量避免不让丈夫的评价伤害自己的感觉，因为她希望俩人的婚姻生活开端良好，决定第二天清晨再作尝试。第二天，她起了个大早，做好早餐，摆在丈夫面前。丈夫的反应同样是："这和我妈妈做的早餐不是一个味。"

这种情况又有两次，她做的早餐都得到了丈夫相同的评价。最后，她受够了。第二天早晨，妻子把鸡蛋煮了再煮，直到鸡蛋硬得像橡胶一样。她把培根烤得很焦，把面包烤了又烤，直到它变黑。她将咖啡煮得像泥浆一样。

当丈夫坐到桌前，妻子把这些食物端到他面前。丈夫嗅了一下咖啡，看了看面前的盘子，叫道："嘿！这才像我妈妈给我做的早餐！"

即使童年不完美，人们还是喜欢家庭回忆。回想你自己的童年吧！

什么是你最难忘的回忆呢？有哪些美好的情景依然可以让你微笑？如果你有孩子，你认为哪些回忆是他们最喜欢的呢？（你可能需要问一下孩子。）你越努力为自己的家庭营建一种积极、充满关爱的氛围，你的子女就能留下越多美好回忆，让他们很好地扎根在家庭中。

锻炼品质的熔炉

在一个人可塑性最强的时期，家庭生活比任何其他因素都更能影响一个人的性格。佩里·韦伯说过："家庭是一个透镜，透过它，我们开始认识什么是婚姻，什么是社会责任。家庭是一个诊所，通过对话和态度的影响，我们对自制和尊重有了初步印象；家庭是一所学校，在这里我们学到什么是对错，什么是真假；家庭还是一个模子，它最终决定了社会的构建。"

你的家庭生活不仅能塑造你孩子的品格，你成年后对你的品格塑造也继续发挥作用。你的品格是你在平日做出的各种选择和养成的各种习惯的集合体。因为你的家庭成为你生活的主要环境，它无疑影响着你的选择和习惯。稳固、健康的家庭鼓励人们做出建设性的选择，培养积极的自律，让人们明白到，只有今天付出代价，明天才能得到成功。

一面反映真理的镜子

要成长，你必须了解你自己。你必须知道自己的弱点和强项。你必须做好自己，客观地看待自己，明白自己还有哪些地方需要做出改变。哪里是你学习这种本领的最好场所呢？在家里。如果你能够在家里营造一个坦诚可靠的氛围，使每个成员在表达对自己和他人的真实想法时没有顾虑，你的家庭就能成为一个很好的学习环境。

这样的家庭无疑充满着无条件的爱。在这样的家庭里，每个成员都可以开诚布公地谈论自己的错误和弱项。这是一个容许失败的安全场所。它有一个良好的倾听环境，每个人都怀着理解和同理心去聆听。我自己很庆幸能在这样的家庭中成长。尽管我犯错误后也会受到父母的惩罚，但他们通过语言或者行动，向我表达他们对我的爱。这让我成为一个充分认识自己的很有安全感的人。

珍藏最重要人际关系的宝柜

哈佛大学的萨缪尔·欧西森是一位研究家庭关系的心理学家。他特意对370名哈佛毕业生做了为期21年的跟踪调查，发现，如果一个人不能谅解他过往的人际关系，尤其是与父母的关系，他最后往往会重蹈那些关系的覆辙。很有可能，他最后成为一个自己小时候发誓不会成为的那种家长。

毫无疑问，直系亲属之间以及配偶之间的关系，是一个人生活中最重要的人际关系。和你最亲近的人影响着你——也被你影响着。这正是重视这类人际关系的理由。

德兰修女获得诺贝尔奖时，被问到："我们如何才能推动世界和平？"她回答说："回家，去爱你的家人。"如果你想积极地影响世界，无论目标多远多高，从你的家庭做起，像对待财宝一样对待你的家人。

很多年前我曾摘录过尼克·斯蒂奈特概括家庭重要性的一段语录。是这么说的："当你拥有一个坚实的家庭生活，你会感觉到你是被爱，被关心的，是不可或缺的。这种关爱、情感和尊重的流露，给予你内在的动力，更成功地应对生活的挑战。"换句话说，家庭赋予你稳定。

做出决定，每天关爱你的家人，与家庭成员沟通

1986年我39岁的时候，我开始注意到一个不好的趋势。我的一些同事、大学同学和朋友陆续在婚姻上出现问题，并最终以离婚收场。这令我吃惊，因为其中一部分人的婚姻在我们看来是那么稳固，最后仍然分道扬镳。我俩当然不认为我们之间的关系会有什么危机，但是我也注意到，在那些感情破裂的夫妇当中，有一部分在离婚之前，也从来不曾意料到两人之间会出现这样的变数。

那段时期刚好是我事业开始起步的时期。我仍然希望取得成功，但是我不想在追求成功的过程中丧失家庭。周围的变化促使我做出我人生

中关键决定之一。我重新定义个人成功的标准。我告诉自己，成功就是让那些你最亲近的人最爱和最尊重你。

这个决定把我的妻子玛格丽特以及我的孩子伊丽莎白和乔置于我对成功定义的核心。于我而言，如果我仅仅是在外部有成就，而没有在一路上带上我的家庭，是不可能成功的。他人的掌声永远替代不了家人的欣赏。如果没有获得家人的尊重，旁人尊敬毫无意义。我把与家人的沟通和关爱家人视为自己生活的首要任务。

我不知道你和你的家庭关系如何，每个人的情形都不尽相同。你可能正在享受美满的家庭生活，你可能犯了一些或许永远无法弥补的过错。你或许单身，没有子女，只是有着一个延伸家庭。但是我可以这样告诉你：无论情况如何，你都能够从每天与家人沟通和对他们的关爱的稳定中受益。让我们开始行动吧：

确定你的优先事项

有个俄罗斯谚语说：

> 上战场之前——祷告一次。
> 出海之前——祷告两次。
> 结婚之前——祷告三次。

换句话说，任何时候你打算应对一项重大挑战（可能有潜在的风险）之前，必须三思而后行。想想还有哪些事物以后可能成为你生活的优先事项？

我是好不容易才认识到这点的。1969年的一个月，我从学校毕业，和玛格丽特结婚，开始自己的第一份工作。结束蜜月旅行回来后，我们就搬家到一个新的地方，开始了工作。作为镇里一个小教会的高级牧师，我一心打算要成功。于是我夜以继日地拼命工作，把整个身心都投入到工作中。我在教会的每分每秒都在工作，每个晚上都和社区成员谈话。我一周工作6天，休息时仍然放不下工作。同时，玛格丽特也从事两份工作，以维持家庭的正常开支，因为我的工资实在太低了。问题出现了。我开始忽视我们的婚姻。

玛格丽特和我自高中时就相识。结婚前我们处了 6 年，对于一对如此年轻的夫妻来说，我们有着丰富的经历。结婚后，我认为我们曾经共同的经历，可以让我们克服任何难关，所以就专注投身于自己的事业。但是婚姻并不能靠不断炒冷饭而永远维持，它需要不断滋养，否则，终将枯竭而尽。

有很多人正不经意地让自己的家庭"挨饿"。根据心理学家罗纳德·克林格的研究，现在的父母与子女相处时间，比上一辈人少了 40%。离婚率正在惊人地上升。初次结婚 5 年后离婚的家庭约为 20%，而 10 年后离婚的家庭是 33%。超过四分之一的美国家庭是单亲家庭；接近四分之三的单亲家庭子女在 11 岁之前都经历过贫困。每一年，约 200 亿至 300 亿美元纳税人的钱，被用来供养那些缺乏抚养人的孩童。

构筑一个稳固家庭并不是自然发生的。你必须下工夫。自从我认识到自己对妻子的忽略后，我开始改变自己对待事业的态度。我尽量抽时间陪她，保证每个周末都得到利用。我们从家庭预算中专门拨出一部分，用来共度二人世界。我仍然希望获得成功，但绝不以牺牲家庭为代价！我依然将我的家庭作为自己生活的优先事项。任何人如果为了名声、地位或金钱而放弃家庭，都算不上取得了真正的成功。

依照你的世界观做决定

一旦你决定把自己的家庭作为自己的优先事项，你必须确定家庭对你来说意味着什么。这必须基于你自己的价值观。在我和玛格丽特结婚的头十年里，我们一同根据我们的世界观作出关于家庭的决定。首先，我们要两个人从一而终。然后，当我们有了孩子，我们要把父母作为选择的基础。对于我们来说，归根结底，家庭是我们去经营和维持以下事情的基础：

- **信仰上帝**：信仰在我们生命中是第一位的。如果我们忽视信仰或者对此做出妥协，其他任何事物对我们来说都没有价值和意义。

- **持续的进步**：发挥我们的个人潜能，帮助我们的子女发挥个人潜力，是我们最高的价值观之一。当我们走到生命终点时，回首往事，我们应该看到自己充实的一生。
- **共同的经历**：维系人们的最有力纽带是拥有共同的经历，无论好坏难易。我们要尽可能创造积极的经历，同时共同度过艰难挫折。
- **信心——对上帝、对自己和对他人**：你的信心决定你如何度过生命，而且对你从事的任何事情的结果都会产生影响。
- **对生活的奉献**：在离开这个世界时，人们应该让这个世界更美好。我们不仅希望为自己的家人、也为我们接触过的所有人增添价值。

以上便是我们的清单。我不是建议你采用我们关于家庭的世界观。我知道，你希望创造自己的清单。我的建议是：尽量保持简洁。如果你列出17个项目，让自己去活出来，你很难做到。你甚至记不住它们！把它缩减到只包含一些完全不容妥协的内容。

制定你的解决问题的策略

许多人结婚的时候，都指望享受一个轻松的婚姻生活。或许他们看了太多的电影。婚姻并不容易，家庭并不容易，生活也不容易。期待困难，保持承诺，寻求一套排除忧难的策略。有人召开家庭会议来解决问题。有些人则会设立一些解决问题的规则。

我的朋友凯文和他妻子玛莎，在婚后逐渐建立起一套公平的争论解决机制。凯文是一个外向、充满活力且善于表达的人，而玛莎则是安静内敛。在结婚初期，凯文往往在言语上对玛莎指指点点，两人很容易进入马拉松式的争吵中。于是他们决定制定一套规则，一旦产生分歧就可以应用。其中一条规则就是两人约定某个时候，讨论某个话题，而不是立即开始相互指责。另一条规则是，玛莎总是可以先说话。他们结婚二十多年了，这套矛盾解决机制用得非常好。

想想你在家里如何提高解决问题的能力。和你的家人讨论一下（在一个大家都平静的时间，而不是在争执的火头上）。任何对你们有效的矛盾解决策略，都可以使用，只要这套机制能培育和推动这三个方面：①更好的相互理解。②积极的改变。③更好的人际关系。

管理家庭

把家庭摆放在最重要位置的要求是一回事，在现实中实践它则是另一回事。我发现，获得陌生人和同事的认可，往往要比获得最了解你的人的尊敬要容易得多。所以我努力约束自己，每天都努力去赢得那些与我最亲近的人的关爱和尊敬。

很多年前，当有令人兴奋的事情发生、或者我听到什么有趣的消息，我一般都会与同事和朋友分享。当我回到家，我已经没有热情把同样的故事向妻子重复一遍。之后，我特意将这些话题留起来，直到回到家，先与妻子分享。这样的话，玛格丽特就不会总是听到残羹冷炙了。我发现把家庭摆放在最重要位置的最好办法，就是把自己一部分最好的精力和注意力交给他们。

如果你决定改善你的家庭生活，使之成为稳定的来源，尝试这样做：

先把你的家庭生活放进你的日程表

我发现，稍微不注意的话，就很容易让工作占据了自己所有的时间。在我做出决定把家庭作为优先次序之前，我并没有为他们留出应有的时间。我想很多热爱事业的人都会出现这样的情况。有些人有着一些很耗费时间的兴趣或者爱好。如果你不为你的时间设立界限，你的家庭往往最后只能得到你剩下的一丁点时间。即使是现在，如果我不注意，也很容易被工作占满日程表。

为了克服这个情况，我把家庭生活先放进日程表中。我抽出若干星期用于家庭度假（你可能觉得这过于显而易见，但是我提到这点，是因为在我结婚的头几年里，我和妻子依据对工作最有利的标准来安排度假地点）。我安排时间和玛格丽特一同去看电影或表演，或者只是简单地共度时光。我把一部分时间用来陪伴孙子孙女。当我的子女还小的时候，我抽出时间陪他们打球、观看他们的演奏会或者其他活动。

有人曾经说过，当你陪伴家人的时候，就不要老想着工作。同样，在工作的时候也不要想着应该陪伴家人。这是一个很好的视角。如果你和你的家人能够算出、并同意你应花多少时间陪伴家人，而且你也能保护好这些时间，你就能掌握这个思维模式。

创造并保持家庭的传统

我希望你能做个实验。在纸上写下你从孩提时起到长大成人、离开家庭之前，收到的所有圣诞和生日礼物。需要多少时间都可以。

你能记住多少礼物呢？可能有些礼物确实给你留下了深刻的印象，但是你很可能像大多数人一样，要回忆起所有的礼物可不容易。现在再做另一个实验：列出这期间你和家人共度的假期。同样的，需要多少时间都可以。

我打赌，如果你每年都安排一次家庭度假，你记住假期肯定要比记住礼物要多。为什么呢？因为让家人快乐的因素并不是收到东西，而是共度的时光。所以我如此推荐要建立家庭传统。

传统可以给家庭留下一份共享的回忆，以及一种强烈的身份认同。家庭传统能帮助一个人自我定义，同时也让他更好地认识自己的家庭。

想想你希望如何庆祝假期，如何庆祝重要事件。首先根据你的价值观来进行规划。如果你儿时有一些你觉得有意思的庆祝方式，也可以加进去。如果你结婚了，把你配偶的传统也加进去。如果你想的话，可以混合文化和风俗。还要照顾到子女的兴趣。赋予你的家庭传统一些意义，让它们成为你们特有的传统。

抽出时间与家人共度

有一段时间，家庭的时髦词是"高质量时间"。事实上，如果没有数量，就谈不上质量。就像精神病学家阿曼德·尼克里说的那样："**时**

间就如氧气——为了满足生存需要，有着一个最低的标准。同样，要建立起温暖和关爱的人际关系，也需要一定数量和质量的时间作为基础。"

大多数单亲父母往往忙于工作，而大部分双亲家庭的父母也都需要上班。因此，我们必须特意抽时间与家人共处。在我子女还小的时候，约有6年时间，我放弃了打高尔夫球的爱好，以抽出更多时间来陪伴他们。玛格丽特和我经常特别花心思，安排时间和家人共同参与一些活动，比如……

- **重要的活动**：我们共同庆祝生日，球赛，独奏会等等重要的活动。
- **特别的需要**：你不能等到家庭成员出现危机时才考虑到他们的需要。
- **开心时刻**：当我们愉快时，每位家庭成员都很放松，比平时更愿意交流和说话。
- **一对一时间**：没有任何比得上一对一相处更让对方知道你的关心，因为这时你是全神贯注的。

思考一下，你如何能抽出时间和家人共度呢？

首先必须保证婚姻的健康

婚姻是维系家庭的基础。婚姻为家庭关系定下了基调。孩子从父母身上学到最多的人际关系。所以前美国圣母大学校长西奥多·赫斯伯格断言："**父亲可以为子女做的最重要事情，就是爱他们的母亲。**"

婚姻不是轻易维系的。有这么一种说法，一个成功婚姻是从一个危机走向另一个危机，同时伴随着承诺的累加。婚姻的核心是承诺。它是让你渡过难关的要素。仅仅靠感觉来判断婚姻的健康状况，最后注定会分手。如果你认为必须感受到对方的爱意，才保持婚姻，你很有可能会放弃。就像其他值得我们去抗争的事情一样，婚姻也需要我们每天去经营和自律。

相互表达欣赏

心理学家威廉·詹姆斯说过:"任何人,从出生到死亡,都有一种渴望被赏识的强烈需要。"如果一个人在家里不能得到肯定和赏识,大多情况下,他在社会上也得不到需要的肯定,因为,这个世界是不会满足你的这个需求的。你能为你的配偶和子女做的最有意义的事情之一,就是努力去了解他们,爱他们,因为他们才是你真正拥有的。

尽快化解危机

我之前讲过制定解决矛盾的策略的重要性,它如此重要,我还想再强调一下。每个家庭都会有矛盾,但并非每个家庭都能完满解决它们。家庭对于问题的处理方式,或者增进感情,或者造成破坏。尽快和有效化解矛盾,能治疗创伤。忽略矛盾,你会发现自己印证了小说家斯科特·费兹杰拉德的判断:"家庭争吵是件痛苦的事情。它们没有任何规则可循。不像疼痛或者伤口可以消除或者愈合,家庭矛盾更像是皮肤上的裂口,因为没有足够的原料而难以治愈。"完全不应该是这样的。

对家庭的回顾

在我回顾家庭决定的过程中,我再次对妻子玛格丽特和子女充满感恩。我发现……

在我三十几岁时……我的家庭决定让我避免像很多朋友一样犯错误,造成家庭分崩离析。

在我四十几岁时……我的家庭决定让我把家庭放在第一位。

在我五十几岁时……我的家庭决定让我看到我成年子女的成功所带来的积极影响。

18年来，我和我的家庭都受益于我对成功做出的特殊定义。我不敢想象，如果离开家庭赋予我的稳定，我的生活会变成什么样。

世界顶峰

与你的家庭成员沟通并关心他们并不容易。这通常需要牺牲。你是否想过，为了家庭，你愿意放弃什么？当然，在面对家里发生火灾、而你的孩子又在屋内的情况下，你几乎肯定愿意献出自己的生命。你肯定会义无反顾地冲进屋里救他们。不过如果不是如此戏剧化的情形呢？比如说你是否愿意为了家庭而放弃自己梦寐以求的工作？卡伦·休斯就此认真思考了一番，最后发现，自己对这个问题的答案是肯定的。

凯伦·休斯曾被称为美国最有权力的女性。美国《商业周刊》指出，休斯"成为了白宫职衔最高的女性——事实上也是美国历届政府中职衔最高的女性"。在乔治·布什参加总统就职典礼前一天，布什指着休斯说道："我可不想在她不在场的情况下做出任何重大决定。"休斯负责的工作应该属于副总统和国务卿的管辖范围。布什总统通常一天需要做出一百个决定，而他授权休斯做出20%的决定。白宫办公厅主任安德鲁·卡德对此感叹道："她是布什最信任的助手，又是白宫最具有天赋和才华的人。这些优势全都集中在她一个人身上……这真是太令人惊奇了！"

休斯在20世纪80年代中期在得克萨斯州加入共和党，并于1994年乔治·布什开始竞选德州州长起为其效力。在布什的竞选团队里，休斯发挥着重要作用。对于一名从未担当过任何公职的前电视新闻记者来说，她已经不可能去到更高职位了。她影响着那个影响全世界的人。她的职位如果再高一级，那就是国家元首了。

但是在2002年，休斯选择从她那大权在握的岗位上退了下来，因为她有着其他更重要的事情要做。休斯依然是总统顾问，但是她放弃了作为总统的"左膀右臂"、在日常事务中对国家领导人施加影响力。

在一次记者会上，休斯解释说："我丈夫和我做出了一个艰难的决定。但是我们认为，这是一个正确的决定。我俩准备把家迁往德州。那是我们的根基所在。我有一个女儿和外孙女在奥斯汀。我的儿子在中学再待上三年，然后就要上大学。我们希望他也把根扎在德州。"

在休斯做出这个决定后不久，布什总统正在总统办公室与来访的摩洛哥国王穆罕默德六世会谈。当布什被问到有关休斯的情况时，他向摩洛哥国王解释道："休斯离开的原因是因为她的丈夫和儿子在德州生活会更开心。休斯把家庭置于为政府服务之上，对这种认识和方式我表示特别理解。"

休斯拥有的地位一般人一生难以奢求。即使具备与她同样的素质，要取得如此高的成就，几率也是非常小的。由于她和布什特殊的紧密关系，她很有可能今后不再获得类似的机会。对于她的儿子罗伯特来说，读高中的几率也很小。他没有第二次机会去重读高中。她把家庭放在比事业更高的位置上，在她的位置上的人，很少会像她一样做出这种抉择。

休斯服侍的教会高级牧师道格·弗莱彻，对休斯作出这个决定，解释说："休斯从来不喜欢权术。（她的丈夫）杰里·休斯也不喜欢。休斯一直以来工作忠诚守信、立场坚定……现在，她只是对自己和家人表达忠诚。"这就是我们必须去做的事情。对于休斯来说，今天，家庭赋予了她稳定。

应用与练习：每天关爱你的家庭，与家庭成员沟通

今天你的家庭决定

关于你的家庭，你处于什么状况？自问下面三个问题：

1. 我是否已经做出决定，每天与家人沟通，并关爱他们？
2. 如果是，我何时做出这一决定的？
3. 我具体决定了什么？（写在下面）

_____

_____

_____

_____

你每天的家庭自律

根据你做出的家庭决定，为了成功，今天和每一天，你约束自己做的其中一件事情是什么？（写在下面）

_____

_____

_____

_____

弥补昨天

如果你需要帮助，以做出正确的家庭决定，及培养每天的自律，请做以下练习：

1. 你分配给家庭的时间占清醒时间的百分之几？这是"黄金时间"，还是只是一些残羹冷炙？写下你的判断。

现在和你的家庭成员讨论一下，听听他们对你的真实评价。如果你

觉得对不起他们，请求他们谅解。

2. 花时间说出自己关于家庭生活的世界观。如果你已婚，安排时间和伴侣一起外出，找一个安静的地方谈谈。千万不要指望在几个小时或者一个周末时间里、就得出家庭世界观的最终结论。它会随着时间不断演变，可能需要几年时间，你才能最终得出一个相对固定的家庭世界观。

3. 如果你已婚，根据你们的性格、价值观和以往经历，设立一些适合你们的冲突解决规则。

4. 学会更高效地管理你的日程表，以便找出时间陪伴家人。花几个小时为未来30天做好计划。注明对你家庭有重要意义的日子。尝试寻求一些创造性的方式来与家人共度时光（比如说，你可以携带配偶或子女参加商务旅行；邀请他们参加你的业余爱好，或者参加他们的活动）。一旦你在日程表上确定了时间管理，管理好其他事情，确保家庭生活的时间不受影响。当你回顾日程表时，寻找一些假期或者特殊日子，以便开始一个有趣和有意义的家庭传统的开端。

5. 如果你已婚，你和你配偶最近一次为纪念重要意义的日子而单独相处是什么时候？如果是在半年前——或者你想不起来了——就赶紧计划下次的约会吧。

6. 抽一些时间，想一下每位家庭成员值得你感恩的地方（你孩子的每个成长阶段，都有积极和消极的一面。专注于好的地方）。现在，请你在今天找个方式，向其中至少一位表达你的感恩吧。

展望明天

花点时间想想你的家庭决定，以及每日自律，如何对你的将来产生积极的影响。复合效益如何？（写在下面）

_____

_____

_____

用你所写的不断提醒自己，因为今天的回顾能激励你每天自律，每天自律能将你昨日的决定最大化。

第七章

今天的思考赋予我优势

我一直坚持阅读各种有关领导力和沟通方面的书籍。每个月我都会努力看完一本这方面的书籍，并粗略翻阅类似但内容相对较少的另一本书籍。2001年，我读到一本名叫《从优秀到卓越》的书，是同类中的佼佼者。作者是商务专家吉姆·柯林斯，书中叙述了一个有关A&P百货公司（大西洋和太平洋茶叶公司）的有趣案例。通过这个案例，作者说明，如果我们不能每天将决定付诸实施、并且培养良好的思考习惯，会有什么后果。

这个公司的起步相当不错。1859年，纽约一家皮革公司的员工乔治·亨廷顿·哈特福德说服了他的老板乔治·吉尔曼投身茶叶贸易。于是，大美国茶叶公司诞生了。公司的思路是整船整船地购买茶叶，然后直接出售给大众，免去中间商环节。这在当时可是个好主意。他们产品价格比其他竞争者便宜三分之二，生意进展很顺利。4年后，他们的商店从一家扩张到六家，除茶叶外，他们还卖起了百货。

创新和扩张

1869年，吉尔曼把他的股份卖给了哈特福德后退休了。同年，横跨美国的火车线路开通，哈特福德为了将生意顺势扩张，决定对公司的名称做出调整。于是，大美国茶叶公司就变成了大西洋和太平洋茶叶公司——简称A&P。哈特福德还创立了自己的咖啡品牌——八点档早餐咖啡。该品牌的咖啡随即变得非常流行，利润快速上涨。哈特福德良好的思维能力和敏锐的商业嗅觉令公司取得成功。到1880年，公司拥有超过95家的商店，覆盖范围东起波士顿，西至密尔沃基。

老哈特福德的头脑已经很聪明了，他的两个儿子——小乔治和约翰——比他更聪明。小乔治认为，如果公司能自主生产商品，将更加降低成本并提高利润。同时，约翰更关注消费者的需求。在那个时期，大多数百货店将商品交付给消费者，并允许赊购付账。约翰希望对此做出一些富有创意的改变。他说服他的父亲和兄弟创办了现买现卖的"经济型"商店。该类型的第一家店于1912年开张，不出6个月，就把附近一家传统的A&P百货店挤出市场。在两年时间里，公司开设了1600多家该类型商店。1916年，老哈特福德把生意全部交给了儿子。之后，公司的销售业绩从起初3100万美元翻番至7600万美元。9年后，公司拥有13961家商店，每年销售额高达4.37亿美元。到1929年，A&P成为世界上最大的咖啡零售商。

在30年代初期，百货业开始实现新的重大转变。竞争者引进了"超级市场"的概念。哈特福德兄弟改变他们的思路，迎接挑战。他们开始关闭原来的经济型商店，转而开设超市。尽管他们每开张一家超市，需要同时关闭几乎6家传统商店，但是公司仍然获得了赢利；销售额和利润额都达到了新的高度。到了1950年，A&P公司的年销售额达到32亿美元，成为世界上最大的私营公司及最大的零售店。全世界唯一一家销售额超过A&P公司的单位是通用汽车。

风向再次转变

20世纪60至70年代期间，消费者观念再次发生了巨大转变。低廉的价格已经不如选择多样那么重要。人们不满足于超市，他们想要超级商店。他们寻求宽敞干净的商店，那里有更多选择；不仅能买到商品，更重要的是能买到品牌。人们希望在采购时能减少停留。和以往不同的是，人们不希望为了买药而专门去药店，为了买新鲜点心而专门去面包房，为了买维生素而专门去保健品店，为了冲印照片而特意去照相馆，为了买花而专门去花店，为了提款去银行。他们希望这一切需求都在一家超级购物中心内解决。这种观念的改变带来的挑战，并不亚于哈特福德兄弟在 30 年代遇到并最终克服的困难。唯一的问题是，哈特福德家族不再经营 A&P 公司。约翰的继任者是拉尔夫·伯格，他在 1950 年成为 A&P 公司总裁，并于 1958 年被提名为董事长。

根据柯林斯的研究，伯格没有很好地应对这个挑战。与哈特福德通过思考，创造出产业竞争优势相比，伯格"努力确保做好两件事：一是为哈特福德家庭基金会提供稳定的现金红利，二是保持哈特福德兄弟的光辉名声"。柯林斯在书中援引了 A&P 公司一名董事的话称："伯格不顾他人的反对，总是在想，约翰·哈特福德喜欢什么，并按照这个判断行事。"柯林斯在书中写道："伯格在做决定时，始终想着'如果是哈特福德本人，会怎么做'，并且以'你总不能质疑一百多年的成功经验'来驳斥别人。"

或许你确实无法反驳这个观点，不过照此行事，肯定撞得头破血流。没有人能知道，一个伟大领导者在新形势下会如何行事。世上没有代代相传、百试不爽的成功公式。想取得成功，我们必须学会独立思考。伯格只是努力去重复哈特福德在他那个时期采取的具体措施，而没有努力去领会哈特福德成功的精髓，即通过创造性地思考，去寻求解决问题的途径。

一把从未使用过的钥匙

在柯林斯的书里，有关 A&P 公司最糟糕的案例，是他们设立一种名为"金钥匙"的新型商店的探索。为了找寻公司市场份额快速下跌的原因，A&P 公司推出这类独立运营、有权自由去尝试各种创新型货品的商店。顾客对此很推崇，这种商店逐渐演变为一种现代的超级商店。所有数据都表明，A&P 公司需要关闭原有的传统商店，加快开设新型超级商店。公司的反应如何呢？因为决策层不喜欢这个"金钥匙"试验的答案，公司决定关闭这种新型商店。相反，他们一直认为旧策略能解决面临的问题。

公司追随最新的潮流。它们解雇首席执行官，甚至采取了激进的降价策略。价格下降导致成本裁减，店铺越来越陈旧，提供的服务江河日下。随着规模缩减，A&P 公司开始寻求并购路线。公司并购了无数地方食品连锁店，仍然不能重现昔日辉煌。柯林斯的书中对各个并购案例进行评分，A&P 公司和其他三家公司的并购案例得到了最低 3 分。

今天，A&P 公司一共拥有 667 家商店，分布在美国 12 个州，有着无数凌乱的商标。财经专家对 A&P 公司毫无兴趣；标准普尔在 2003 年 8 月 1 日对其信用评级，从之前的"B+"下降至"B"。看起来 A&P 公司已经很难重建它曾经拥有的地位和收益率了。

为什么思考帮助你赢在今天

《信仰的神奇》的作者克劳德·布里斯托尔说过："思考是所有财富、所有成功、所有物质、所有伟大发现和发明、所有成就的原始来源。"这真是毫不吝啬的赞美之词！你认为良好的思考具有什么价值呢？在你的生活中，思考是否有着优先地位呢？我想你肯定认为思考很重要，否则你就不会看这本书以提高自己的思维。不过你是否把思考视为一个决定以及每天必须执行的自律呢？以下是思考应该成为你生活中的优先次序的理由：

好思考才能产生好结果

无论从事何种职业，思考总是在成就之前。成功绝非偶然，人们并不能在无数跌倒后突然叩开成功的大门，然后明白成功的奥秘。无论你是医生或者商人，木匠或者老师，或者父母，如果你重视思考，你的成功层次将会大大提高。你思考得越好，潜能就越大。正如剧作家维克多·雨果所言："小人物是由小思想造成的。"

好思考增添你的价值

在任何组织中，谁是最有价值的人？答案是：最有想法的人。工业家哈维·费尔斯通说："资金在商业中并不是那么重要，经验也不是那么重要。你可以得到这两样东西。在商业中，思想才是最重要的。**如果你有想法，你就有了你需要的主要资产。只要有了想法，你在事业和生活中能做到的事情是没有限制的。**"

我们的国家就建立在想法的基础上。想法帮助我们建造伟大的企业，带动经济增长，成为世界第一。想法是我们建造所有事情和取得所有进步的基石。如果一个人是优秀思考者，或者有许多想法，他或她将有很高的价值。如果你是一个出色的思考者，你就有了巨大的优势。《突破性思维》的作者格拉德·纳德勒说："在所有的经理中，只有10%到12%足够有成效，能去到并留在快车道上。"原因是，大多数经理并没有动脑子。

不善于思考的人是环境的奴隶

一个人不培养良好思考能力，往往发现自己总是受周围环境的支配。他们无法解决问题，发觉自己总是一遍又一遍地陷入同样困境中。因为他们不提前思考，所以总是处于被动回应的状态中。有句德国谚语说："**一个空钱包，也比一个空脑壳更好。**"优秀思考者总是能克服困难，即使资源匮缺。而不善于思考的人，则往往只能受善于思考者的支配。

做出决定，每天练习和培养良好的思考习惯

我是个幸运儿，因为我从小就认识到良好思考的重要性。我父亲要求他的3个孩子每天阅读半小时。有时我们可以自己选择读什么，不过

大部分时候，是由父亲为我们选择阅读材料。父亲让我们读的书中，有两本书给我留下了深刻印象。第一本是我在七年级时候读的，名叫《积极思考的力量》，作者是诺曼·文森·皮尔。那年，我父亲还带我去参加皮尔先生的演讲，亲自见到了他本人。这塑造了我的一生。

比见到皮尔先生更具有影响力的是一本名叫《思考的人》的书，作者是詹姆斯·艾伦。我在14岁的时候读到这本书，它给我的印象如此深刻，以至我开始按照书的建议，列出了自己的"每日健身操"。这本书我一直保存着。作者写道："一个人的思想决定了他的成败。"这本书给了我很大的启发，我从这句话中认识到，思考的好坏将决定我的成败。所以我决定，我将通过思考、实现为自己和为他人增添价值的目标。

如果你也希望把培养良好思考能力作为生活的一部分，请考虑这样做：

要知道，伟大的想法来好想法

在一次晚宴上，约翰·奇尔库林的一位朋友向大家讲了他在一家书店无意间听到的一段对话。一位顾客问售货员："你们这里有关于微软DOS系统的简单点的教程吗？傻瓜也能读懂的DOS教程？"朋友说的这句话转瞬即逝，只是一个笑话。不过却对奇尔库林产生了触动。他受到启发并采取了行动，开始出版一系列的"傻瓜丛书"。

某位不知名的顾客只是有了个不错的想法，随即就把它抛在脑后。事实上，他很可能根本不知道自己的想法有什么了不起的。但是对于善于思考的人来说，一个不错的想法很可能会成为一个伟大的想法，再发展成为一连串的伟大想法。现在，"傻瓜丛书"已出版了370种，共有31种语言，销量超过6000万册。

如果你想要成为一名出色的思考者，你首先必须做一个好的思考者。在成为一名好的思考者之前，你必须首先是一个思考者。为了成为一名思考者，你首先要愿意制造一大堆普通的、或者糟糕的想法。只有每天练习和培养，你的思考才能不断进步。你思考的能力并不取决于你的愿望有多强烈，而是建立在你过去的思考基础上。要成为一名好的思考者，就需要更多地思考。一旦想法开始涌现，它们就会变得更好。一旦变得更好，它们就会越来越好。

认识到思考的多样性

到现在为止，我在谈论思考这个话题时，似乎都把它假设为一个单独技巧。事实上，思考是许多技巧的综合，就像脑力的十项全能比赛那样。田径运动员要参加十个项目的比赛——100米跑、400米跑、跳远、铅球、跳高、110米栏、掷铁饼、撑竿跳、标枪和1500米跑——思考也是如此，它是多方面的。

我认为，好的思考需要有11种不同类型的思考共同作用。这里是简单介绍：

1. **全景思考**：超越自己和自己的思维，通过整体、全盘的视角来思考的能力。
2. **聚焦思考**：抛开脑子里所有的杂乱和纷扰，清晰思考事物本质的能力。
3. **创造性思考**：打破思维框框，深入探索想法和找寻突破的能力。
4. **现实思考**：用事实来建立坚实基础，以便明确地思考的能力。
5. **策略性思考**：实行能为今天的发展提供方向的计划，提高未来潜力的能力。
6. **可能性思考**：完全释放自己的热情，在几乎不可能的情况下找到解决之道的能力。
7. **回顾性思考**：对过往进行回顾，以正确的态度看待历史，得出正确观点的能力。
8. **独立性思考**：排除从众心理带来的局限性，达成与众不同的结果的能力。
9. **分享性思考**：容纳别人的观点，让别人帮助你扩展思路，达成复合效应的能力。
10. **无私的思考**：总是考虑他人、想着合作的能力。
11. **底线思考**：专注于结果和最大回报，从而发挥你思维的最大潜能。

如果你以为思考只有一种类型，那真是大错特错了。这是非常狭隘的。这样的想法会让人们只看到自己擅长的思考方式，忽略其他的思考类型。确实有一些学者陷入这类观点的局限中，对此我感到很遗憾。

将你的优势最大化，聘请员工来弥补你的不足

对于上述11种思考类型，大多数人往往天生擅长其中几种，其他方面则显得力不从心。正如要发掘一名擅长十项全能运动员非常困难那样，要找到一个精通所有11种思考类型的人也相当不易。既然思考分为那么多种类型，你应该怎么做呢？你会努力去精通所有的思考类型吗？如果这样想的话，就错了。

让我们打个比方。你是一个非常不错的创意型思考者，不过底线思考却是你的弱项；但是你希望精通这两方面。你如何开始呢？你专注于哪里呢？你可以着重锻炼底线思考，把它提升到平均水平。不过这需要巨大的时间、精力和资源。如果你还想继续发展为不错的底线思考者，那将耗费更多的精力。如果你想爬得越高，你需要付出的努力就越多，而取得的进步却越小。无论你付出多少努力，你很可能还是不能把底线思考培养成为自己的强项。

如果你选择花多些时间去提高你的创意性思考的水平呢？你在这方面本来就不错，正常投入时间和精力，你就能去到优秀的水准。如果你全力以赴，你很有可能会成为国家级、世界级的创意思考大师。到那时，没有多少人能像你一样制造想法和作出贡献。那将令你更有价值，给你的生活和事业带来真正的优势。

如何应对你的不足呢？你可以将一些这方面比你更强的人聚在你身边。这就是一直以来我所做的事情。在我人生的目前阶段，我可以雇佣那些比我在某个领域更优秀的人。不过即使在我成为"老板"之前，我也是按照这个原则去做的。35年以来，我和我妻子玛格丽特就像团队那样取长补短。我弟弟拉里经常在现实性思考领域给予我帮助。我和在特定领域的思考能力强于我的朋友合作，我在其他一些领域回馈给他们。在思考方面，不一定非要依靠单打独斗，已成为我的一个极大的优势。

管理思考

让外部情形或者他人对你的思考产生积极或消极的影响，是很容易的。有一种情况很微妙，当你试图从他人身上寻求想法或者视角时，别人也许有着别的意图，而不一定是帮助你。所以我如此强调，你必须承担起思考的责任。在我二十多岁时，我开始遵循这个自律：每天安排一段时间用来思考，并且要决心去思考正确的事情。如果你也希望这么做，请这样做：

找一个思考的地点

从1969年开始第一份工作起，我经常去找一个地方来进行每天的思考。当时，我每天思考的地点是我家附近的一个喷泉旁边；后来，我喜欢坐在一块大岩石上思考；在圣地亚哥，我思考的地点是教会楼上的一间偏僻小屋；在亚特兰大，它又换成我办公室里一张特别的椅子。我只有思考时才会坐在它上面。

当然，我不是只有坐在那些地方才思考的，不过它们确实是我专门用来思考的地方。不过只要没有干扰，几乎任何一个地方，我都可以用来思考。现在写这些文字的时候，我正在一艘邮轮的阳台上坐着。我的家人在船上其他地方做着不同的事情，而我找个地方，静下来思考这本书的事情，并写下一些想法。

我鼓励你也找个地点思考。每个人都会有适合自己的思考方式。有些人喜欢亲近大自然，有些人则喜欢呆在公共环境下，但不参与周围的活动。我的朋友，亚特兰大的北点教会主任牧师安迪·斯坦利，喜欢独自坐在饭店里思考，他说他需要一点点的干扰。《哈利·波特》的作者罗琳，在一家咖啡馆里写下最初的稿子。去什么地方思考并没有限制，只要那里能激发你的思维。

每天安排一段思考的时间

和找到一个合适的思考地点同样重要的是，每天安排一段时间用来思考。我一天当中思考最好的时段是早晨，我大部分的思考都是在这段时间完成的——除了回顾性思考。我通常在上床睡觉前进行每天的回顾思考，对一天的情况做个回顾，对照"每日健身操"的要求做出评估。但所有其他思考都在最适合思考的早晨进行。我早晨醒来，然后坐在自己的思考椅上，在便签簿上写下自己的各种想法。我建议你也去找到一天的哪个时段是你的思考最强的，然后把这段时间固定下来，专门用于每天的思考。我肯定你会发现，自己变得更专注，更有创造力。

找到一个合适自己的思考过程

每个人都有不同的、适合自己的思考方式。诗人吉卜林在写作之前必须给他的钢笔灌上纯黑墨水。哲学家康德习惯于盯着窗外的一块石头进行思考。当窗外的树木不断长高而遮住他的视线时，他就会把它们砍掉。作曲家贝多芬习惯用冷水浇在自己的脑袋上，以此保持清醒并激发思绪。诗人席勒需要靠烂苹果的气味刺激才能思考，因此他的桌面上总是有着一个烂苹果。评论家和词典编纂者萨缪尔·约翰逊说，需要有一只打呼噜的猫、一块橘子皮和一杯茶在旁边，才能写作。作曲家吉奥阿基诺·罗西尼发现自己穿着睡衣、躺在床上时最有灵感。

我不需要任何特别的事物来激发思考。有些人思考时需要音乐，有些人面对电脑更有灵感。总之，适合自己就好。

抓住你的想法

如果你不把自己的想法写下来，很快你就会失去它们。在《一只只鸟慢慢来》一书中，作者安妮·拉摩特告诉我们，她是如何防止自己丢失好想法的：

> 我的屋子里到处都放着卡片和笔——床头、盥洗室、厨

房、电话机旁和汽车储物盒里。当我出门遛狗时，我也会把卡片和笔放在裤袋里……我以前以为，如果真有什么足够重要的想法，我就应该能记住，回到家后，才把它记下来……但是我发现我做不到……一定要把你的想法立刻记下来。这和你的性格如何没有任何关系。

我时刻写下自己的想法。在思考点时，我用便签簿。其他时间，我随时带着一个皮质笔记本。我有时还会在床头写点东西。在床边，我总是放着一本夹着微型电筒的便签簿，这样在晚上，一旦需要写点什么，我就能依靠电筒光来写东西，而不需要打开电灯以免影响玛格丽特。建立一个系统，然后勤加利用。

尽快把想法付诸实施

如果你有一个很棒的想法但却不采取行动，你就无法收获这个想法可能带给你的好处。你是否有过这样的经历：你一直想制造某个产品、或创造某项服务，但几个月或者几年后，你发现别人把它们生产出来，推向市场了？作家阿尔弗雷德·孟塔培说过："当一个人将某个想法付诸现实时，他会发现，在他之前起码有十个人有过类似的想法——但他们只是想想而已。"想法，必须付诸实施，才能带来好处。

每天提高你的思考水平

你思考越多，你思考就越好。这句话没错。如果你每天做以下事情，你的思考可以提高得更快：

- **专注于积极面**：思考本身并不能确保成功。你需要思考正确的事情。消极思考和忧虑不但不能提高你的思考，反而会阻碍它。我如此相信这个原则，以至我写的第一本书，《思考这些事情》，就是由一些短小、激励人心的短文组成的。这本书是建基于《圣经》的一段话的："凡是真实的，可敬的，公义的，清洁的，可爱的，有美名的；若有什么德行，若有什么称赞，这些事你们都要思念。"专注于积极，你的思考将沿着积极的方向进行。

- **好的输入**：我始终留意收集各种想法。我读过很多书，一直对不错的想法和引语进行归档整理。我发现，对这类好思想接触越多，我的思考就提高得越快。
- **和出色的思考者交往**：如果你访问任何领域的顶尖主管，你会发现，大部分的人在他们事业的某段时期，都曾受过导师的指导。我相信，在任何人际关系中，任何人能得到的最大收获，是学习导师如何思考。如果你能花时间和优秀思考者在一起，你会发现，你的思考会越来越锋利。

有很多人把思考当做天经地义的事情。他们把思考看做生活中一项普通自然的活动。事实是，有意识的思考是不寻常的。你每天在思考方面所做的事情十分重要，因为它为你所有的行为打下了基础，为你带来优势或者劣势。

对思考的回顾

当我年轻精力充沛的时候，我只是埋头苦干。但是随着年岁的增长，我越来越珍惜每天的思考时间。我想这是因为，我认识到思考给我带来的价值：

在我十几岁时……我的思考开始专注于积极的事物。
在我二十几岁时……我的思考让我脱颖而出。
在我三十几岁时……我的思考让我得到听众和追随者。
在我四十几岁时……我的思考让我的工作跨越性发展。
在我五十几岁时……我的思考让我进入了更高层次。

最好的地方是，我最好的日子还没来到。我现在 57 岁，我坚信，我最佳的思考还在前面。我一直努力提高自己的思考时间和质量，因为我认为，世上很少有其他事物能像好想法那样，带来丰厚回报。当一个人有着好想法，生命中的很多其他方面自然会水到渠成。

一个被束缚的孩子

我之前说过，一个人不去思考的话，他将成为周围事物的奴隶。最近我看了一部电影，讲了同样的道理，还表明，只要人们改变了原有的思考方式，他就能挣脱束缚，改变自己的命运。这部电影名叫《安东尼·菲舍尔》，是根据电影编剧安东尼·菲舍尔本人的亲身经历改编而成的。

和大多数所谓根据真实故事改编的电影不同，这部电影从一开始就非常忠实于主人公原型的生活经历。安东尼·菲舍尔出生在俄亥俄州的一个监狱里；他母亲是囚犯，而他父亲早在他出生两个月前就去世了。他被寄养在一名守卫的家里。在人生最初的 13 年里，小菲舍尔受尽了寄养家庭的百般凌辱；几乎每天都要经受肉体上、言语上以及精神上的折磨。他从来没有收到养父母的圣诞礼物，也没有半个子儿的零花钱。他常常被绑在地下室的一根柱子上，被狠揍一顿。他的养母甚至还炫耀有一次把他打得昏过去。一次记者采访安东尼·菲舍尔本人，向其考证，电影情节是否真实；菲舍尔说："我在电影和书中对他们已经算温和的了……他们比这更糟。"

在电影里，菲舍尔的生活直到参加了美国海军才开始出现转机。一名精神病学家对他的遭遇表示关切，并帮助他努力摆脱过去的痛苦。在现实故事里，菲舍尔的确遇到一名帮助过自己的精神病学家，不过在这很早之前，另一个人在他的生命中为他播下了希望的种子。

在菲舍尔三年级的时候，他对学习完全丧失了兴趣。他的养母整天骂他是世界上最差劲的孩子，这让他真的相信自己没有学习能力，注定没有未来。他四年级的时候考试不及格，看来要留级。不过奇妙的事情发生了。菲舍尔的养父母搬到一个新的地区，他也进入了一所新学校。他的新老师是一位名叫普罗菲特的女士。在普罗菲特女士的关怀下，小菲舍尔对自己的看法慢慢发生了变化。

他说："如果世上真的存在天使，我想布伦达·普罗菲特就是我生命中的天使。普瑞克兹家庭（他的养父母）把我的自尊一点一滴地吸蚀干净，而普罗菲特女士却帮我把自尊逐渐找回来。"尽管他的情况有所改观，但是小菲舍尔的成绩到了年底还是没有什么进展。他将面临不能升至五年级的危险。不过机会又来了。学校决定普罗菲特女士继续担任菲舍尔的班主任，直到把他们带到五六年级。在接到这个通知后，普罗菲特女士让小菲舍尔直接升至五年级。就在那时候，发生了一件事情，彻底改变了菲舍尔的生命。

那天，老师让同学朗读课文。小菲舍尔是一个腼腆的孩子，说话有时还结结巴巴。可是就是他，突然被普罗菲特老师点名，在班上大声朗读课文。出人意料的是，他居然没有出现平日的慌张，读得相当不错，而且还读准了一个很难的词语。普罗菲特女士表扬了小菲舍尔："我真为你骄傲。我希望你知道，我很挣扎让你升级；但我很高兴我这样做了。你今年的表现真是不错！"老师的这番话震动了小菲舍尔。他写道：

> 普罗菲特老师真挚的言语，就如闪电和惊雷一般令我触动。在外表上，我很害羞地接受了她的赞美，但是在内心，我像获得了新生一样飘然若仙。我生平第一次意识到，自己可以做一些事情，让自己的生活有所不同。不仅仅是我，任何人都可以做到。无论任何人在你耳边说多少次，你这个不行，那个不行，只要你更努力，更多地尝试，你终将证明他们是错的，并改变自己的处境。今天这节课就像金子般宝贵，在我的余生里，我要好好珍藏它。

在那个时刻，菲舍尔改变了他的想法——最终改变了他的生命。之后他的人生有着太多的起起落落，但他从来没有怀疑过自己的未来，相信美好的明天总是可能的。他也没有像他养父母家庭的弟兄和朋友那样,堕落为毒品和犯罪的牺牲品。

今天,安东尼·菲舍尔依靠思考来谋生。他成为好莱坞一名成功的剧作家。他通过把自己的真实故事写出来,做了四十多次的修改,而学会了编剧。他实现了自己梦想的目标,成为一名负责任的公民、丈夫及父亲。他结了婚,育有一个女儿。当被问到他希望他的故事向世人表明什么道理时,安东尼·菲舍尔说:"无论你生活的开始多么艰难,总是有着希望。这个世界上总有好人存在。"

我不知道你的成长背景如何,我不知道你现在面对的现实情况又如何,但是我知道,希望总是有的。无论你的目标是什么,无论你需要为此克服多少困难,思考都能为你带来优势。这种优势能让你的人生变得更好,就像发生在安东尼·菲舍尔身上的故事一样。

运用与练习：每天练习和培养良好的思考习惯

你今天的思考决定

今天，关于你的思考，你处于什么状况呢？自问下面三个问题：

1. 我是否已经做出决定，每天练习和培养良好的思考习惯？
2. 如果是，我何时做出这一决定的？
3. 我具体决定了什么？（写在下面）

_____
_____
_____

你每天的思考自律

根据你做出的思考决定，为了成功，今天和每一天，你约束自己做的其中一件事情是什么？（写在下面）

_____
_____
_____
_____

弥补昨天

如果你需要帮助，才能做出承诺，成为一名更好的思考者，请做以下的练习：

1. 下列是文中提到的 11 种类型的思考。以 10 分为大师级别，请你根据下面的问题给自己打分：

- 获得全景思考的智慧：我是否超越自己和自己的世界来思考，以便整体、全盘地处理想法？
- 发挥聚焦思考的潜力：我是否抛开脑子里所有的杂乱和纷扰，清晰思考事物本质？
- 找到创造性思考的乐趣：我是否打破思维框框，深入探索想法和找寻突破？
- 认识到现实思考的重要：我是否用事实来建立坚实基础，以便我能明确地思考？
- 释放策略性思考带来的力量：我是否实行能为今天的发展提供方向的计划，提高未来潜力？
- 感受可能性思考的能量：我是否完全释放自己的热情，在几乎不可能的情况下找到解决之道？
- 接受回顾性思考的教训：我是否对过往进行回顾，以正确的态度看待历史，得出正确观点？
- 坚持独立性思考的特点：我是否排除从众心理带来的局限性，达成与众不同的结果？
- 鼓励分享性思考的合作：我是否容纳别人的观点，让别人帮助你扩展思路，达成复合效应？
- 享受无私思考带来的满足：我是否总是考虑他人、想着合作？
- 回味底线思考的含义：我是否专注于结果和最大回报，从而发挥思维的最大潜能？

你得分最高的二至三项，很可能就是你在思考方面的优势。和你的朋友、同事、配偶或者上司一起确定这一点，然后专注于拓展你在这几个方面的优势。你得分最低的几项，可能就是你需要寻求外界帮助的方面。找到你的朋友、同事或者员工，以弥补你在这些方面的不足。

2. 在接下来二至三周里，寻找不同的地点来思考。多找些地方做试验。在你至少尝试过 6 个地点后，回到你最喜欢的地方，再次思考。当你确定最适合自己思考的地点后，把这个地点固定下来，定期使用。

3. 一旦你找到了自己的思考点，就去寻找最佳的思考时间。通常，你思维最敏锐的时候,是最好的思考时间。但是,最重要的是根据每天的日程表,来找到一段合适的时间进行思考。

4. 用不同的方式和方法来刺激自己的思考。播放音乐或做运动。做些需要使用右脑的思考,如拼图游戏、画画或者推高尔夫球等。你希望激发思维,同时使你思考更清晰。爵士乐者查尔斯·明各斯说:"把简单弄复杂很普遍。把复杂弄简单,而且是相当简单,这就需要创造力了。"这就是你需要努力的方向。

展望明天

花些时间想想你的思考决定,以及每日自律,如何对你的将来产生积极的影响。复合效益如何?(写在下面)

_____
_____
_____
_____

用你所写的不断提醒自己,因为今天的回顾能激励你每天自律,每天自律能将你昨日的决定最大化。

第八章

今天的承诺赋予我坚韧

他可能是有史以来最有天赋的棒球运动员。在他刚刚开始棒球职业生涯时,他可能是这项运动中跑得最快的人,曾被测到跑完一垒只用了2.9秒,而跑完全垒也只用了13秒时间。

但与他强有力的击球相比,他的速度就不值一提了。人们猜测,可能是他以前矿工的工作练就了他的力量。他当时的工作是用大锤把石头敲碎,一般两人一组,当其中一人累到无法举起锤子时,就换另一个人。吉尼斯世界纪录记载的他最远的本垒打距离是643英尺,但许多人认为,他在1951年的一次比赛中打出了最远的本垒打,距离达到656英尺。

天生的棒球料子

我所说的这个球员,是纽约扬基队的米奇·曼托尔。我在俄亥俄州长大,是一个辛辛那提红人队的球迷;但我却听说了许多关于曼托尔的事情。1961年红人队闯入了世界职业棒球大赛,但被扬基队以4∶1的比分击败。

曼托尔在棒球场上是一个传奇,他被视为是天生的棒球料子。他父亲曾是一名半职业棒球员,他祖父在他4岁时就开始教他练球。他们每天下班后都会与他一起练球。他父亲习惯用右手击球,他祖父却是个左撇子,这就让他练就了在本垒板任一侧都可击球的本领。

曼托尔在 16 岁时就成为了一名半职业运动员。1948 年,在一场比赛中,纽约扬基队的一个星探发现了他,说他是他见过的最有前途的球手,并打算当场与他签约。但发现他只有 16 岁,并且还在高中上学时,只得作罢。但他保证当曼托尔毕业时他还会回来。这个星探的确做到了。在 1949 年曼托尔高中毕业的那天,他与纽约扬基队签约。

那个夏天,曼托尔开始在扬基四队打球,当年就升入三队。1951 年,他被邀请参加扬基队的春训营,由于表现实在出色,他从三队直接升入一队,这在扬基队历史上从未有过。那年,他才 19 岁。在他的职业生涯中,他的球队 12 次杀入世界职业棒球大赛,并 7 次获得总冠军。

在 1969 年退役前,曼托尔拥有令人难以置信的成就。他是扬基队历史上出场最多的球员(2401 次),三次获得全美最有价值球员;在 1956 年,他获得了被称为棒球三项王冠的成就:最高击球率(35.3%)、最多本垒打(52 个)及最多垒得分(42 个)。此外,他还保持了最多本垒打等四项世界职业棒球大赛纪录。

尽管拥有如此辉煌的成就,但专家们却坚信曼托尔从未完全发挥潜力,大多数人认为这是由于伤病缘故。在其职业生涯中,曼托尔遭受了几次严重的伤病,尤其是膝盖。他经常带伤参赛,每次上场前他都要小心翼翼地在膝盖上缠上厚厚的绷带。体育记者刘易斯·埃尔利写道:"许多棒球界学者们都会思考的问题之一就是:如果曼托尔不受伤病的困扰,他将取得什么样的成就?"另一位记者说:"曼托尔所受的伤病足可以使一名普通职员躺在床上了。"但这并不是问题关键。大多数人并不知道,曼托尔还是一个酒鬼。

另一种纪录

曼托尔身边的人清楚他的问题,但直到 1994 年,他把自己的故事告诉《体育画刊》之后,这些细节才为大众所熟知。曼托尔的喝酒史始于他在扬基队的第二个赛季，当时他的父亲因病去世，终年39岁。当他在棒球场上不断创造纪录的同时，他与他的伙计们也在酒场上创造纪录。他说，在职业生涯的早期，在春训营里他会把酒戒掉，恢复身体，但一旦赛季开始他又泡到酒里。没有比赛时，他甚至会把棒球完全忘掉。

曼托尔退役后，他更沉迷于酒精。他通常一大早就开始喝酒，直至傍晚语无伦次为止。然而，他也会努力去承担他的职业承诺。曼托尔说："当我从事公益事业、签名或广告活动时，我为我的可靠而自豪。我总是想做到最好。只有当没有承诺、无事可做、没有地方可去的时候，我才会陷入长时间的酗酒中。"

有时候，当第二天醒来时，他会完全忘记自己说过或做过什么。许多时候当别人告诉曼托尔，他前一天的所作所为时，他经常会大吃一惊，但通通都记不起来了。

最终，在62岁的时候，他彻底跌入了谷底。他的家庭一团糟，健康也面临崩溃。他打算清醒起来，这时，他去了贝蒂福特诊所。他说那是他第一次认真考虑生命的事情。他是这样评价自己及他的职业的：

"我在扬基队最后那四五年里，我没有意识到我把自己完全交给了酒精。当时我只是觉得很有趣。现在，我承认酗酒缩短了我的运动寿命。当我1969年退役时，我只有37岁。当我入队时，凯西（当时扬基队的总经理）曾经说过，'这家伙会比乔·迪马乔和巴比·鲁思更棒'。他的预言没有实现。我父亲一直希望我能成为有史以来最伟大的棒球运动员，我本来是可以做到的，但我辜负了他的期望。上帝赐予了我一个伟大的身体，但我没有珍惜它。这在很大程度上要归咎于酒精。

每个人都试图把伤病当做缩短我运动寿命的罪魁祸首，而事实是，当我的膝盖做完手术后，医生让我进行恢复训练，但我没有照做，而是出去喝酒。我想，嗨，一切都会好的。之后，我的膝盖又受伤了，我只是想它会自然恢复的。我把所有事情都看作自然而然，我并没有努力过。"

当一个人忽略了自己的潜能、并错失许多生活赋予的良机时，那是很不幸的。体育新闻记者汤姆·斯威夫特估计，如果不酗酒的话，曼托尔可能会打出800个本垒打。

镜子里的男人

只有在戒酒并对生活采取积极态度后,曼托尔才有了在早些年本来可以使他更棒的承诺。戒酒后的第三个月,曼托尔说:"如果再喝一杯酒,我就拿把枪对准我的头。"但当曼托尔决定改变时,一切都太晚了。他的肝脏由于长时间酗酒而遭到破坏。他接受了肝脏移植手术,但不久医生发现他患上了无法治愈的癌症。

在他生命最后几个月里,信仰一直支撑着他;他重新找回了在酗酒的日子里失去的部分尊严。曼托尔死于1995年6月8日。当年的8月15日,一群人组织起来纪念曼托尔,其中,体育解说员鲍博·科斯塔斯说:"所有美国人都对曼托尔充满尊敬之情。他的医生说曼托尔是最令他难忘的病人。他勇敢而且诚实,许多人都被他感动。"科斯塔斯还描述了当天在《达拉斯晨报》上刊登的一幅漫画:圣彼得站在天堂入口,把手搭在曼托尔肩上,说道:"孩子,这是我见过的最勇敢的击球。"他的承诺带他走过了生命的最后一年。

为什么承诺帮助你赢在今天

你生来应该做什么?你认为你的未来如何?你认为你有着一个使命吗?如果有,你会去实现它吗?要成为你能够成为的人,你需要坚忍不拔。而坚忍不拔来自承诺。来看看这些关于承诺的真理吧:

承诺会改变你的生命

在《选择》一书中,弗雷德里克·弗拉基写道:"每个人回顾过去的时候,都能发现,在某个时候,某个地方,他的生命发生了改变。无论是偶然还是刻意安排,因为我们内心已经准备好,周围的情况综合在一起,促使我们重新审视自己和我们的生活状况,并做出了影响我们余生的决定。"

想一想，在你生命中，当你做出真正的承诺，去做些不同的事情的时候，你的生活是不是发生了改变？事情可能不完全按照你想的发展，但毫无疑问的是，它让你走上一条全新的道路。如果你想改变，你必须拥抱承诺。

承诺会帮你克服生命中的障碍

你会遇到问题，我也会遇到问题。所有上帝的子民都会遇到问题。关键在于你如何应对这些问题。当曼托尔面对父亲突然去世这一问题时，他没有选择去做出承诺，勇敢地面对失去亲人，克服这个困难，而是向酒精寻求慰藉。这使他从此走上了毁灭之路。

你的承诺每天都会被考验

我认为许多人都把承诺当做是一件事，可以在某个时间完成。人们在婚礼上说"我愿意"，用握手来完成一桩商业买卖，买脚踏车来锻炼身体。但承诺并没有随着这些决定而结束。它是刚刚开始。你最好相信，一旦你对某件事做出承诺，它是会被考验的。

- **体验失败**：对于承诺，最大的挑战可能就是失败。奥运金牌获得者玛丽·里登说："完成目标是一种很好的感觉，但为实现目标，你必须经历失败。你必须让自己从失败中站起来，继续前行。"
- **忍受孤独**：当你打算达成某些事情，人们会干扰你，挑战你，甚至有时候他们还让你妥协。这可能不是有意的，可能因为他们担心一旦你进步了，自己会被甩在后面。这个时候，你需要问自己："我到底要令谁喜悦？"如果你决定通过履行承诺而令自己喜悦，有些时候，你就需要忍受孤独。
- **面对极度失望**：让我们面对事实，生命中许多事情都会出错。面对失望时，你会如何反应呢？当事情出错，当生命变得颠簸，当伤痛变得更疼痛时，你能继续往前走吗？如果你做出决定每天做出并履行承诺，你将在很大程度上增加你继续前行的机会。正如亚伯拉罕·林肯所说的那样："**必须时刻牢记，你自己成功的决心，比其他任何事情都更重要。**"

做出决定，每天做出并履行正确的承诺

直到 1976 年，我才真正理解承诺的价值。我是当时俄亥俄州发展最迅速的教会之一的主任牧师。那时，教会需要 100 万美元进行扩建。但问题是，我那时只有 29 岁，从未领导过这样的建设工程。坦率地说，这项任务看上去是不可能的。而与此同时，这项工程的成败却决定着教会的未来。这时我做出了一个关乎承诺的生死决定：如果事情值得去做，我将做出承诺，将其进行到底。我决定无论发生什么事情，我都将带领我的教会完成这项工程。

我并不知道，我的承诺将会如何被考验。每当你做出决定的时候，问题便随之而来。以下是我遇到的问题的一部分：

1. 为了与时共进，我需要改进我的团队。这意味着要解雇一些受欢迎的人。
2. 有 200 多人因为不赞同我们的远景，而离开了教会，这约占当时教会人数的 15%。
3. 银行要求，只有我们内部筹集到 30 万美元，才给我们贷款，而我从未主持过如此大的筹款活动。在此之前，我最多一次只筹集到 25000 美元。
4. 教会董事会决定不将这个工程交给一名拥有自己的建筑公司的教友，这使他退出了教会。而他是教会中最慷慨的捐助人。
5. 我们的建筑师在和承包商计算工程支出时粗心大意，致使我们多支付了 12.5 万美元。

你一定听说过运动产生摩擦这句话。在工程的整个过程中所产生的

摩擦，足以引起五级大火。当时我每天都觉得自己是热锅上的蚂蚁，如果在工程的早期我不做出承诺，我就不可能将这个工程进行到底。

如果你决定以更加坚忍不拔的姿态完成你所想要的事情，就做出决定，去在生命中拥抱你的承诺吧。我们可以从以下几个方面做起：

计算代价

当1940年6月，纳粹德国在敦刻尔克把英国军队赶出欧洲大陆，法国投降的时候，德国自信满满地认为欧洲胜利已是唾手可得，英国一定会同他们签署和平协定。法国人当时也是这样认为的。法国的马克希姆·维冈将军说："如果我被击败，不出一周的时间，英国人肯定会与德国人妥协的。"

但德国人和法国人都低估了当年5月担任英国首相的温斯顿·丘吉尔，以及全体英国人民的承诺。丘吉尔清楚这场战争的危险，他说：

"维冈将军所谓的法国战役已经结束，英国的战役即将开始。这场战役将决定基督文明的生死存亡，决定着英国人民的命运……希特勒知道他必须将我们击败，否则他将在这场战争中落败。如果我们能抵抗他们，整个欧洲都会获得自由……但如果我们失败了，整个世界，包括美国，也包括所有我们认识的和关心的人，都将陷入黑暗的深渊……因此让我们承担起我们的责任吧。如果大英帝国及英联邦能维持一千年的话，到了那个时候，人们仍然会说'那是我们最美好的时刻'。"

英国参与的那场战争是漫长和血腥的，他们遭到了纳粹的猛烈轰炸，而且在很长的时间里他们一直是孤军奋战。但他们坚持下来了。他们的承诺使得盟军最终赢得了战争的胜利。我认为他们的决心是如此坚定，不仅仅是因为他们清楚所面临的危险，也因为他们清楚，一旦失败他们将付出的代价。当你清楚知道代价时，承诺将会变得更加强烈。

下定决心付出代价

当你搞清楚代价，你必须决定是否付出这些代价。美国参议员萨姆·纳恩说过："你必须付出代价。你会发现生命中每一件事情都需要付出代价,你必须决定,所得到的回报是否值得你付出代价。"

当我读大学的时候,我决定要专注于准备去做牧师。我清楚我要为此付出代价。我的许多同学在上学的时候就结婚了,一些人甚至有了孩子。尽管我和玛格丽特都希望开始我们的婚姻生活,但我们一直在等待。那是一段艰苦的旅程。即使现在,我也不主张人们像我们那样等待如此长时间才结婚,但我们当时的等待得到了回报。毕业几个星期以后,我们结婚了。我们又等了几年才有了第一个孩子。正是因为这样,我做好充分准备去成为牧师,并在早期那关键几年里能专注于事业的发展。

永远追求卓越

霍华德·牛顿说:"人们不记得你多快完成工作,但会记得你完成得有多好。"没有什么能比得上追求卓越的决心更能激发人们的承诺。追求卓越的决心,使米开朗琪罗完成了他在西斯廷教会的巨作;追求卓越的决心,使爱迪生做无数试验直至发现灯泡丝;同样是追求卓越的决心,使吉姆·科林斯写出《基业长青》和《从优秀到卓越》。

任何人想取得成功,都必须学会像一个好工匠那样,承诺于卓越。一个伟大工匠希望人们验收他的作品的时候,看到最杰出的细节。相反,拙劣的人往往把作品藏起来。一旦人们发现了其中的瑕疵,他便抱怨说是工具不好的缘故。卓越意味着做每一件事情都要全力以赴,这种承诺感可以使你去到三心二意的人永远无法企及的境界。

管理承诺

当我下定决心要对我们教会的工程负责之后,我知道我必须找到办法使我能保持在正轨上。我决定要遵循这样的自律:每天都要更新我的承诺,并思考从中可以得到什么益处。为了做到这一点,我随身带着一张过塑卡片,长达18个月时间。卡片上写着:

人一旦全身心投入,上天的眷顾也会随之而来。

第八章　今天的承诺赋予我坚韧

> 任何事情都会向着有利于你的方向发展。
> 伴随着你的决定，所有无法预料的帮助都会来到你的面前。
> ——威廉·默里

我每天都会看看这张卡片。在特别困难的日子里，我产生放弃的念头时，我就会多看几遍。这使我保持专注，备受鼓舞。我想，只要我保持承诺，尽我所能，我就可以请求上帝去帮我做其余的事情，我们就一定能成功。事实上，我们的确做到了。

当你做到了一些你曾认为不可能的事情时，你就成为一个崭新的自己。它改变你对自己和世界的看法。这项工程完成后，我的思想上升到一个新的高度，我的领导力远景也得以扩展。如果没有承诺，我绝不可能做到这些。我个人的承诺，以及很多人的承诺，是我们成功的关键。

当你每天努力保持承诺时，要牢牢记住以下几点：

期待承诺将伴随着挣扎

当我们的孩子还很小的时候，在一个夏天，我和玛格丽特决定带他们去走走，让他们看看美国这个国家是如何建立起来的。我们从纽约开始我们的旅程。我们去了埃利斯岛；它长久以来一直是外界进入美国的门户。在那里，我们感受数百万移民是如何怀揣梦想来到美国的。我们去到费城，参观当年签署独立宣言的房间及独立钟，并祭拜了当年签署独立宣言的英雄们的墓地。

之后，我们去了弗吉尼亚州的威廉斯堡，那是曾经说过"不自由，毋宁死"的帕特里克·亨利的家乡。旅途的最后一站，我们来到首都华盛顿。当我们参观华盛顿纪念碑时，我们联想起美国为独立所做的斗争。参观林肯纪念堂时，出现在我们脑海中的，则是美国人民为了维护国家统一所做出的努力。

每到一个地方，我们都深深感觉到前辈们建立和保护我们的国家的承诺。我们了解到他们所承担的风险，所参加的战斗，以及所做出的牺牲。这些经历过艰苦抗争的人们的光辉事迹将永垂青史。他们所面临的危险是巨大的，得到的结果也是丰硕的，我们至今仍在享受着他们用奋斗换来的自由。

这次旅行使我们全家受益良多。任何值得拥有的东西，都需要奋斗。做出承诺并不容易，但如果你是为信仰而战时，一切都是值得的。

不要只依靠天分

当你读到像曼托尔这样的人的故事的时候，你就会发现，有时候有太多天分反而适得其反。如果曼托尔当时的努力能与他的天分相匹配，承担起责任，把精力放在把比赛打好，结果将会截然不同。

如果你想完全发挥自己的潜力，你必须在天分之上加上工作态度。美国著名诗人朗费罗曾经在他的诗中这样写道："巨人们所达到和保持的高度，并不是靠一次突然的飞行来完成的；在同伴们睡熟的深夜，他们在黑暗里依然不断前行。"

如果你想得到卓尔不群的成绩，你就要付出比别人更多的努力。天分是在你出生之前上帝植入你的身体里面的，技能是昨天你练习获得的，而承诺是你今天必须做出的，这样，你才能让今天成为杰作，让明天成功。

专注于选择，而非条件

总体而言，人们用这两种方式之一来看待每天的承诺。有人会专注于外部因素，而有人则专注于内部因素。专注于外界因素上的人期待外部条件来决定他们是否坚持承诺。由于外部条件是不稳定的，他们的承诺也就像风那样飘忽不定。

相反的是，把行动建立在内部因素之上的人会专注于自己的选择。每一个选择都是一个十字路口，要么强化承诺，要么让承诺打折。

当你来到这个十字路口时，你能够看到它，因为：

- 这需要做出个人决定。
- 这个决定将需要你付出代价。
- 你的决定还有可能影响到其他的人。

你无法控制你所处的客观环境，你也不能控制其他的人，你唯一能控制的事情就是你自己的决定。专注于你做的决定上，诚信地做出决定，这样你就控制了你的承诺。而这就是成功与失败的分水岭。

一心一意

没有其他因素能像一心一意那样带来成就。英国牧师威廉·凯里就是这条真理的一个很好的例子。当他只有十几岁时，就能看懂6种语言版本的《圣经》。由于他的语言天赋，在他三十多岁的时候，他被派往印度传教。6年后（1799年），他建立了塞兰布尔使团。几年后，他又成了加尔各答福特威廉大学的东方语言教授。他还把他的语言天赋用在出版业上，在加尔各答开办了一家出版社，把《圣经》印制成四十多种语言和方言的版本来发行，读者超过三亿人。

是什么造就了凯里的成功？他是如何做到这一切的？他说那是因为他是一个辛勤工作的人。凯里这样描述自己："我辛勤工作，这是我唯一的天赋。我拥有的一切都有赖于它。"

做正确的事情，尽管你不喜欢那样去做

托马斯·巴克纳说过："**使一个人进入完成工作的思想状态和能量，这对每个人来说都是一场战斗。当你能永远赢得这场战斗，一切事情都会变得容易。**"我很敬佩运动员，其中一个原因就是他们都明白这个真理。这也是我如此喜欢奥运会的原因之一。当参加奥运会的运动员们在开幕式上步入体育场，准备参加比赛时，他们都要背诵下面的一段话：

> 我已经准备好。
> 我要遵守比赛规则。
> 我永不放弃。

任何能诚实地说出这句话的人，他们都可以为自己感到自豪。正如《触摸奇迹》的作者亚瑟·戈登所说的那样："**没有什么比说话更容易，**

没有什么比日复一日地活在你的话中更难。你今天的承诺，明天必须被更新和重新决定。"

如果只有你喜欢的时候，你才去做你应该做的事情，你就无法持续不断地保持承诺。我的朋友肯·布兰佳说过："当你对一件事情感兴趣时，你方便的时候才会去做它；当你承诺于某件事情时，你不接受任何借口，只要结果。"如果你拒绝任何借口，无论它在当时多么好听，或者它让你多么舒服，你才能走得更远。

对承诺的回顾

我认为承诺一直是我生命的一个关键因素。对于我的婚姻、工作以及精神生活，都是这样。在我的生命中，没有承诺触及不到的地方。在我确定承诺的 28 年后，我回顾了一下，认识到这个决定的重要性：

在我二十几岁时，我的承诺弥补了我经验的不足；
在我三十几岁时，我的承诺激励很多人跟随我的领导力；
在我四十几岁时，在我领导力最困难的日子里，承诺使我继续前行；
在我五十几岁时，我的承诺使我走出舒适区，走进创造区。

当你有了承诺，没有任何事情是你做不到的。

可怕的环境

最近我读了一个故事，是承诺的最好例证。1999 年，《纽约时报》开始在纽约市的高中设立奖学金，其目的是"支持那些希望在大学里有所建树、为社会做贡献的学生"。这一项目的负责人尤其希望资助那些克服困难取得成功的学生。这一项目的宣传材料上写道："申请人必须展现学术成就，对社会的服务精神，以及遇到财务及其他困难时对学习的承诺。"

当第一批获奖者的名单公布时,你可以看到许许多多感人的成功故事。最突出的是莉斯·默里。要说她在困难中表现出承诺,根本不足以说明事实。

莉斯成长于布朗克斯区,这在纽约是一个声名狼藉的地方。她的父母酗酒成性,都是吸毒者。她说她的父母都很爱她,但是由于毒瘾的关系,他们总是忽略她。有一天,她发现父母卖掉了她妹妹冬天的大衣,以换钱购买毒品。为了养活她和她妹妹,她9岁开始就在外面打工。她在加油站帮人加油,也在百货店帮人打包,以赚取小费。

直到上了初中,莉斯才知道,大多数同学的父母并不像她的父母那样整天在房间里注射可卡因,也正是在那时,莉斯母亲的艾滋病发作了。在那之后,莉斯就不能去学校上课了,她要在家里照顾同时患有精神分裂症的母亲。大部分时间她都在街上与她的伙伴们一起度过。莉斯15岁的时候,她母亲去世了,莉斯变得无家可归。

第一个伟大的承诺

具有讽刺意味的是,这段不幸的遭遇反而对她产生了积极的影响。当她看到母亲在一个乞丐墓地下葬时,她做出了一个决定。她说:"我把我每天看到的生活方式与我妈妈最后的下场联系起来,如果有什么我能做的话,那就是不要让这样的事发生在我身上。我想重新回到学校。但是,你要知道,我当时可是一个无家可归的孩子。"她面临的环境是可怕的,但是她却承诺要改变它。

首先,她找了一份暑期工(她的雇主和工友从来不知道她是一个无家可归的孩子)。她的收入完全取决于她接到的工作多少——而她干得相当出色。这样,她就有了足以维持生活的钱。她就去了博爱预备学校,一所位于曼哈顿的公立高中。为了弥补之前失去的时间,她同时上十门课程,只用了两年就学完了本该用四年才能学完的课程。白天,她去学校上课;晚上,她在楼梯间里学习,经常在地铁里过夜。

她给自己制定了高标准。她曾经利用一次学校旅行的机会参观了哈佛大学。她决定以后一定要考上哈佛，并拿到《纽约时报》奖学金。自从母亲去世后，莉斯变得坚强和专注。莉斯说，"她的死使我明白了生命如此短暂。我每天十几次地告诉自己。在困难之中，设定优先次序是一件容易的事情。我在乎的人是最重要的。最大限度发挥我的潜能，这是我表达对我身边的人的爱的最好方式。"

每一天，无论在校内校外，她的决心都被考验着。哈佛大学的面试机会以及《纽约时报》奖学金在同一天来到她的面前，而同一天，社会福利机构通知她去见面，以便确定是否维持她的福利待遇。当她在社会福利部门排队等候的时候，时间一分一秒地过去，而哈佛大学的面试时间很快就要到来。着急之下，她问工作人员能否让她提前面试，因为她马上要赶去哈佛大学的面试。工作人员回答说："你前面的那位小姐还有耶鲁大学的面试呢！坐下来吧。"她毅然放弃了福利，赶去参加哈佛的面试。

哈佛新生

最后，莉斯得到了一份每年12000美元的奖学金，也被哈佛大学录取了。《纽约时报》的兰迪·肯尼迪对此评论道："能在博爱预备学校158名学生中名列前茅地毕业，绝非小成就。在最近两年里，像这样的成绩是没有听说的。"

之后莉斯转学去了哥伦比亚大学。她说那里更适合她，并且离她父亲更近。她的故事被报纸登载，随后被拍摄成一部电影。每一个见过莉斯的人都被她的精神所感动。她父亲也是一名艾滋病毒携带者，但戒毒成功，他说莉斯是他的英雄。莉斯把这看做是人生旅途的一部分。她希望有一天能成为纪录片制作人。

当被问及她的人生哲学时，莉斯这样总结道："如果你足够努力工作并仔细看看，任何事情都会有解决办法。这完全取决于你的决心程度。"努力工作和下定决心。这看上去是对承诺的很好的解释。

运用及练习：每天做出并履行正确的承诺

你今天的承诺决定
今天，关于承诺，你处于什么状况？自问下面三个问题：
1. 我今天是否做出决定，去做出并履行正确的承诺？
2. 如果是，我何时做出这个决定的？
3. 我具体决定的是什么？（写在下面）

_____

_____

_____

你每一天的承诺自律
根据你做出的承诺决定，为了成功，今天和每一天，你约束自己做的其中一件事情是什么？（写在下面）

_____

_____

_____

弥补昨天的损失
如果你需要帮助，才能做出承诺的决定，并制定每天的自律来活在其中，请做以下练习：

1. 其他人是如何描述你的呢？他们会说你是一个随意的人，还是一个有承诺的人？当遇到对你重要的事情时，人们如何评价你的？如果你在生命中没有你值得去承诺的人或者信念，你需要思考一下了。

是你价值观的问题吗？你知道自己相信什么吗？如果你没有什么可相信的，你就很难有承诺了。如果你是这样的情况，你也许需要直接跳到价值观那一章去。是不是你为了保持承诺而必须付出的代价太大呢？如果是，就要明白到，没有承诺也是有代价的。想一想米奇·曼托尔吧，如果你无法做出承诺，你将失去什么？另一方面，如果你付出了代价，你会得到什么？

如果你搞不懂这些问题，请写下你的一些重大的生活目标，看看每一个的代价是多少。然后比较一下。只要有值得你付出代价的，就立刻做出承诺，去付诸行动。

2. 把卓越定为你的标准。让你做的每一件事情都达到高标准。从考虑你所承诺的工作、项目或任务开始。你是如何对待它的呢？你是否承诺付出足够的时间、精力、资源，来高质量地把它完成呢？重新评估你的方法，然后运用你的经验，来看看你如何对待生命的其他事情。

3. 承诺永远都是一种战斗。在工作、重要的人际关系、信仰等的战斗中，你赢得胜利、保持承诺的策略是什么？你是否需要像我在教会扩建工程中的那种激励？你是否需要向某个人负责？你是否需要不断提醒，使自己保持专注？可以使用任何你需要的工具。

4. 承诺是对自己完全负责。选择去超越你的自然天分。选择做出正确的决定。选择不去因为自己生命的结果不好而责怪环境。选择为你正在成为的人负责。

展望明天

花些时间回顾你的承诺决定，以及每日自律，如何对你的将来产生积极的影响。复合效益如何？（写在下面）

_____

_____

_____

_____

用你所写的不断提醒自己，因为今天的回顾能激励你每天自律，每天自律能将你昨日的决定最大化。

第九章

今天的财务给予我选择

对于大多数劳动者来说，给他们带来压力的两个最大因素是什么？调查结果显示，导致压力的最大原因是时间管理和金钱。就现在人们在财务方面的情况来看，这一结果并不令人吃惊。2002年，消费者个人破产总数达到破纪录水平，150万人次，比2001年上升了6%。更多没有申请破产的人濒临破产。调查发现，约有4370万美国家庭的流动资产低于1000美元；约1630万家庭的净资产为零，甚至是负数。

人们如何回应这种情况呢？他们更拼命地借钱。消费者借贷上升到了1.7万亿美元，仍在上升中。1981年，美国消费者的借贷与收入比例为1.14∶1。到了2000年，这个比例为1.63∶1。人们的借贷超过了他们能承受的范围。房屋贷款无法偿还的案件也在上升，达到了近30年来的最高值。

《洛杉矶时报》最近进行的研究表明，27%的受访者形容他们的个人财务状况是"晃悠"的。40%的人表示他们在支付保险金、汽车和其他大件分期付款的方面有困难。财务压力给人们带来了很大影响，甚至降低生产率。一项调查显示，经受财务压力的员工把13%的工作时间用在处理与金钱有关的事情上；一天超过一个小时，一年下来就是250个小时！

为什么金钱能帮助你赢在今天？

唐纳德·奥尔森嘲讽道："普通美国人忙于花着他们没有的钱，买他们不想要的东西，去讨好他们不喜欢的人。"财务渗透生活的方方面面。人们一旦在财务方面做得不好，就会引发大问题。

钱不会使你快乐

即使大多数人说他们同意"钱不能够买到快乐"这一说法，他们的做法却经常承认这个说法。为什么人们把金钱看得如此重要，不顾一切地追求它呢？几年前，詹姆斯·帕特森和皮特·金在《美国说实话的那天》中公布了在全国范围内的做的关于道德的调查结果，列出人们为了得到金钱，愿意去做的一些事情。下面是人们表示为了得到1000万美元愿意去做的一些事情：

- 25%的人会抛弃自己的家庭
- 23%的人会用一周时间出卖肉体
- 16%的人会放弃美国公民身份
- 16%的人会离开配偶
- 10%的人会拒绝作证，让杀人犯逍遥法外
- 7%的人会杀死一个陌生人
- 3%的人会让他们的孩子被别人收养

如果这些结果还不能说明有些人相信金钱会带给他们快乐，那就没有什么会带给他们快乐了。

记者比尔·维格汉姆开玩笑说，金钱不能买到快乐，却能够给一个庞大的研究队伍支付薪水，来让他们就这个问题进行研究。现实比他所想象的要真实得多。研究表明，拥有金钱并不能带来快乐。据商业杂志报道，在1970年到1999年间，美国家庭的平均收入上升了16%（根据

通货膨胀进行调整），同时形容自己"非常快乐"的人，从36%下降到29%。我们比过去任何时候赚得更多，吃得更好，受的教育更好，然而离婚率却上升了一倍，青少年自杀人数增加了两倍，忧郁症患者在过去30年间剧增。现代的调查证实了两千年前罗马哲学家卢修斯·塞尼加所说的话："金钱不能让任何人富有。"

年轻的时候，我以为有钱人比没钱的人更快乐。但当我接触到那些在平均收入之上的人们时，我发现，比起那些低收入的人来说，有钱人并没有任何优势。汽车大王亨利·福特说，"金钱不能改变一个人，它只是揭露人的真正面目。如果你是一个自私、傲慢、贪婪的人，金钱就会揭示无遗。就是这样。"你就是你，无论你有钱还是没钱。

债务使你不快乐

有钱或许不能让人快乐，但是欠债肯定让他们很悲惨。有一次，我看到一个对债务的调侃：

> 如果你欠了1000美元，你是一个窝囊鬼。
> 如果你欠了10万美元，你是一个生意人。
> 如果你欠了1000万美元，你是一个大亨。
> 如果你欠了10亿美元，你是一个商业巨头。
> 如果你欠了1000亿美元，你就是政府。

小说家塞缪尔·巴特勒对英国维多利亚时代的生活进行了讽刺，他写道："所有的进步都是基于每一个活着的人与生俱来的渴望——过上超过自己收入的生活。"然而事实是，如果你的支出超过你的收入，你花得越多，摔得越重。

古代以色列国王所罗门总结了所有身陷债务的人的状态。他说："富人统治着穷人，借债人成了债主的奴隶。"谁想成为奴隶，受别人控制呢？

财务盈余给人们提供选择

金钱只不过是一个工具。金钱可以帮助人们达成目标，但为了赚钱而赚钱的目标是很肤浅的。如果你的钱很少，你的选择就很少。如果你想住在上班最方便的地方，没有钱就做不到。你可能无法把你的孩子送去你最希望的学校念书。你可能买不起一辆可靠的汽车。你可能放不下工作，去看你孩子的球赛或是演唱会。你也不能让你喜欢的事情变成你的事业。你可能月月为挣薪水而奔忙，直到 65 岁、70 岁或更老的时候还在工作。

做出决定，每天赚取并管理好你的财务

在我成长的过程中，我的兄弟拉里和我对金钱有着截然不同的态度。当我们还小的时候，拉里只想工作、赚钱，而我只想和朋友们玩耍。他把整个夏天都用来工作，而我则埋头打篮球；最后，他攒下了一笔钱，我什么都没攒下。当拉里 16 岁的时候，他用自己的钱买了一辆好车，一辆四年车龄的福特轿车。我则到了大学毕业才拥有了自己的车，一辆破旧的福特轿车。猜猜我跟谁借钱买的车？拉里和我妹妹翠茜。

我学习传教的时候，我意识到我找了一份赚不到大钱的工作。我并不介意，因为我相信，这是上帝的召唤，还可以实现个人价值。但同时我也意识到，当一个人没有钱的时候，他就没有选择。1985 年，玛格丽特和我做了一个决定：我们将牺牲今天，以便明天能拥有选择。从那时起，我们决定按照以下公式生活。

- 收入的 10% 用于奉献教会和慈善
- 10% 用于投资
- 80% 用于生活支出

在那时候，我们的一个朋友为我们提供了一个绝好的机会，对他的一个老人院进行投资。我们欣然接受了这一邀请。接下来的这些年里，我们不仅坚持拿出收入的 10% 进行投资，当这些投资产生收益的时候，我们没有把钱花掉，而是用于其他投资。随着时间过去，我们的资产不断积累，结果是，我和玛格丽特年龄越大，我们的选择就越多。

如果你想要拥有选择，但在赚钱和日常财务管理方面做得不够好，就按照下面提示，做出明智选择吧。

从不同视角看事情的价值

一对夫妇出席了一个博览会。在会上，一个男人开着一架旧飞机，标价 50 美元坐一次。这对夫妇很想坐飞机兜上一圈，但他们觉得这个价格太高了，他们试着和开飞机的人讨价还价，想两个人总共 50 美元，但他说什么也不同意。最终，飞行员提供了一个方案。

他说："你们给我 100 美元，我把你们两个人都带上天去。如果你们能够在飞行过程中一句话都不说，我就把这 100 块钱还给你们。"这对夫妇同意了，上了飞机。飞机起飞后，飞行员使出了浑身解数，将他知道的所有飞行动作都做了一遍：俯冲、翻转、颠倒飞行等等。当飞机着陆时，飞行员对丈夫说："恭喜！你们真的一句话都没说，这是你的 100 美元，现在还给你。"

"不，你不知道"，丈夫说，"在我妻子被甩出飞机的时候，我差点撑不住了。"

这个故事纯属虚构，但却说明我们社会中存在的一个实际问题，人们往往把金钱看得比生命中真正重要的东西——他人还重。

要想知道你对金钱和财产的态度到底是不是你应该拥有的态度，回答下面五个问题：

> 我是否沉迷于物质？
> 我是否嫉妒他人？
> 我是否在财产中找到个人价值？
> 我是否相信金钱会令我开心？

我是否持续不断想要得到更多？

对于以上问题，如果你的回答中有一个或多个的"是"，你就要自我反省一下。伟大传教士比利·格莱姆指出："如果一个人在对待金钱方面态度端正，在生活其他方面，他也会是态度端正的。"物质主义是一种思维模式。拥有钱财和其他好东西并没有错。同样，适度的生活没有错。物质主义不是指喜欢钱财，而是沉迷于钱财。我认识一些人，很在乎物质，却没有钱；我也认识一些人，不在乎物质，却很有钱。你认识这样的人吗？

认识人生的季节

人生的每个阶段都不同，我们也不应同等对待它们。最理想的是，人生按照这样一个模式进行，先学习，再赚取，最后回馈。以下是对这一模式的详细讲解。

学习

当你年轻的时候，你应该专注于挖掘自身才华，发现使命，学习本领上。这一阶段通常是人们十几、二十多岁的时候。当然也有例外，有一些人"先知先觉"，也有一些人在三十几岁、甚至更晚才把事情搞清楚。确切的时间并不重要，重要的是，你能看到，在人生的这个阶段中，学习是主要目标，别想着走捷径挣钱，而错过人生的大画面。

赚取

如果你找到了使命，掌握了事业技能，出色地完成工作，你就能为自己赚到不错的生活。很明显，职业选择对于挣钱多少有很大影响。对于很多人来说，一生中赚钱的黄金时间是30—50多岁期间。在这个阶段，你需要尽力照顾好自己的家庭，为未来做好准备。

回馈

无论年龄大小，我们都应尽量慷慨大度。如果你辛勤工作，善于计划，你就会进入人生收获最丰富的阶段。在这一阶段，你可以专注于回馈他人。通常来说，这一阶段是人们50—70多岁，甚至更老的时候。

玛格丽特和我正在计划，如何好好利用未来的日子。

当然这些阶段只是概括，但它们给了我们去追求的模式。如果你还年轻，你可能会急于离开学习阶段。耐心一些。你在学习阶段越勤奋，在之后的两个阶段，你的潜力就越大。如果你年纪较大、却没能打下坚实基础，不要绝望。坚持学习和成长，你仍有机会得到漂亮的结局。但如果你放弃，你就没希望了。

减少你的债务

麦克·基德维尔和史蒂夫·罗德合著了一本名为《摆脱债务：对付你的金钱问题的聪明方法》的书。他们认为："每个深陷债务的人都患有不同类型的抑郁症。债务是导致离婚、睡眠不良、工作差劲的主要原因之一。债务是人们内心深处的阴影之一，它剥夺了人们的尊严，阻碍人们实现梦想。"

借债购买能够升值的东西，也许是不错的主意。购买房子，购买交通工具以便你可以正常工作，改善教育和投资于生意中，都是好事——只要你能管理好它们。但很多人却为不重要的事情而负债。

麦克·基德维尔和史蒂夫·罗德建议人们按照以下五个步骤来减少债务：

- 停止借债
- 跟踪你的现金
- 为将来做打算
- 不要期待突然的奇迹
- 寻求专业人士的帮助

不要让你的财产或你的生活方式左右你。如果你成为债务的奴隶，尽快找到方法解救自己。

设定自己的财务公式

有人这样区别穷人和富人：**富人用钱来投资，剩下的用来消费；穷人是花钱，剩下的用来投资**。如果你还没有做出决定计划好你的财务，你将会陷入财务困境。为自己做好预算吧。制定一个适合自己的财务公式。或许你愿意尝试我们的 10－10－80 的方式。行动吧！或许有点老调重弹，但绝对在理：不做计划，就是计划去失败。

管理财务

我必须承认，金钱从来都不是我生命的第一动力。金钱在我的优先次序中位置如此靠后，以至于我一度忽视了它们，这或许就是我直到快四十岁时才开始做财务决定的原因吧。但我们都看到，缺乏财务管理不善对一个步入老年期的人产生多大影响。最近我和女婿史蒂夫到一家饭馆吃饭，为我们服务的是一位 75 岁的可爱老女士。你无法知道别人的境遇如何。有些人直到八十多岁还在工作，因为他们享受工作，或喜欢和人相处。但我所认识的大多数到了暮年还在做体力劳动的人，是因为他们没有其他选择。我的朋友，财经专家罗恩·布鲁说，超过 65 岁的美国人的年均年收入只有 6300 美元。对于那位老年女招待，我认为她在那个年龄仍在工作，是因为她没有其他选择。因此，我和史蒂夫在离开的时候留下一笔丰厚的小费。下次当你接受年老服务生为你服务的时候，你应该为他们做点什么。

在财务自律方面，我也在不断成长。多年前，我用 10－10－80 的方法解决了个人财务问题，但只是在近十年间，我才学会更好地处理生意上的财务问题。我曾经专注于组织远景上，雇佣我能找到最好的经理人和我一起去达成目标，然后尽我所能去带领。我把财务方面的问题都留给别人去处理。但是我的兄弟拉里却批评我的这种态度。他告诉我，我不应该忽视生意上的财务问题，即使那不是我的专长，也不是我的兴趣所在。因此现在，无论在家里还是生意上，我都坚持一个准则：每天我都要专注于我的财务方案，以便我的选择越来越多，而不是越来越少。你越早做出决定，对你的财务进行合理管理，你的选择就会越多。

为了帮助大家用正确态度对对待日常的财务问题，请做以下事情。

做一个好的赚取者

要做一个优秀的理财者，你首先要拥有你可以管理的东西。所以我认为理财的第一准则是充分放大你赚钱的能力。我这么说，并不是让大家忽视生命的其他重要方面，只顾赚钱，也不是建议大家总是盯着钱。培养一个良好的工作态度，学会赚取和管理金钱。与这方面的成功人士交往，汲取他们的经验。市面上也有很多关于个人财务和生意财务方面的书籍。

工作态度更多在于愿望而不是知识，它是来自内心的。能够燃起你渴望的是，为他人服务的激情；摆脱我们天生环境的决心；进步的远景；或是个人的激情。而浇灭渴望之火的，是认为回报与付出不成比例的念头。

如果你发现自己在工作或事业上很难有激情，你需要换个视角。看看 1872 年一家钢铁厂的员工守则：

① 员工每天要拖地板，掸掉家具、架子和展示柜上的灰尘。
② 每天要点灯，清洗烟囱，修剪树枝；每周擦洗一次窗户。
③ 每个员工每天都要带来一桶水和一桶煤以供工作之用。
④ 做铅笔的时候小心些，你可能会损伤笔尖。
⑤ 本公司早晨 7 点开门，晚上 8 点关门。安息日除外。
⑥ 男员工每周可休息一个晚上，用于约会女孩；如果是去教会，则可休息两个晚上。
⑦ 每个员工都应该从每笔工资中拿出相当金额作为积蓄，以免自己在晚年成为别人的负担。
⑧ 任何抽西班牙雪茄，喝任何酒精，在理发店刮胡子的员工，公司将会对其价值、目的、诚信和忠实度抱怀疑态度。
⑨ 兢兢业业工作，在五年内没有任何差错，遵守宗教职责，且被

同胞所景仰，遵纪守法的员工，工资每天多5分钱。

今天的我们享受前几代人所没有的很多优势。其中一点就是，我们不必去承担上个世纪的人们所需要承担的责任。只要我们有着正确态度并愿意付出代价，几乎任何人都能追求并实现任何目标。

每一天都感恩

我们能为自己做的最重要的事情之一，就是保持视角，为我们现有的东西而感恩。诗人吉卜林曾经在一个毕业典礼上告诉听众："不要将太多注意力放在追求名誉、权力或金钱上。有一天，你会遇到一个不在乎所有这些东西的人，那个时候，你就知道自己是多么贫穷了。"如果你努力工作，并保持感恩的态度，你将会发现，每天管理财务是多么轻松。

不要拿自己和别人比较

每当人们开始拿自己与他人比较，他们就会陷入麻烦。金钱和财产方面的比较是特别有害的。跟邻居攀比或是想显得家境阔绰的想法，使人们陷入可怕的债务中。《纽约人》杂志财经作家詹姆斯说："美国人一直患有'奢侈病'。即使我们并不富有，但我们总想看起来像是如此。"

如果你看到邻居购置了新家具，享受着奢华假期，或是每年都开上新车，这是否会刺激你做出相同的举措呢？别人看起来如此这般，并不说明任何问题。你的邻居赚的钱可能是你的两倍，也许他们正背负着债务，濒临破产。所以不要假设，也不要模仿他人。

尽量给予

作家布鲁斯·拉尔森说："金钱是人的另一双手，可以慰藉、治疗和喂养这个世界上其他绝望的家庭。换句话说，金钱是另一个自己，金钱可以去到我们去不到的地方，可以去到我们没有时间去的地方。我的金钱可以以我的名义，去抚平创伤，帮助和治疗别人。一个人的金钱是他的延伸。"

只有在你愿意将金钱给予他人的时候，钱才真正是属于你的。用汉娜·安德森制衣公司创始人甘·德恩哈特的话来形容，就是"金钱就好似肥料。如果你只是一味堆积，它们只会发臭。但如果你将它们散播出去，它们就可以促使其他东西茁壮成长。"

在这一章里，我多次提到"选择"这个词。或许你认为这个词是自私的。但我必须告诉你，对我来说，拥有选择是为了服务他人。慈善家、钢铁大王安德鲁·卡耐基说，他的目标是用前半生积累财富，用后半生将财富给予他人。多好的想法！我想用我的余生去给予别人。当然，我所给予的肯定比不上卡耐基，但数量并不重要。重要的是，我在财务上自律，去做我能做到的事情。

对财务的回顾

当我回顾我生活中的财务方面时，我意识到，这些年来，我日益成熟和现实，我的思想也发生了改变。

在我二十多岁时：我意识到生命不只是由钱组成的。
在我三十多岁时：我意识到钱能给我更多选择。
在我四十多岁时：我意识到为了将来能玩乐，我现在需要付出。
在我五十多岁时：我意识到挣钱的最大快乐，就是能给予别人。

牧师约翰·卫斯理所写的话，或许是我所知道的最好的财务指导。他的建议是："挣你所能挣到的，存你所能存的，给予你所能给予的。"无论你处于哪个阶段，挣多少钱，你都可以遵循这个原则。

发现她的梦想

如果你关注《纽约时报》畅销书排行榜，你就会知道她的名字。

如果你看奥普拉的脱口秀，也许你曾看过她。如果你研究销售，你就知道她曾在电视购物节目上、12 分钟内售出 10000 本书，接着不得不提前终止节目，因为书卖完了。我说的是金融大师舒泽·奥尔曼，他著有畅销书《财务自由 9 步》、《金钱法则》和《生活的教训》。但你可能不知道，她出身并不富裕，没有 MBA 学位，而她曾经根本不懂如何理财。

奥尔曼 1951 年出生在芝加哥一个工人家庭。她的父亲艰难地经营着一个小饭店。当时她家的财务十分窘迫，她母亲是一个律师事务所的秘书。奥尔曼小时候在饭店里帮工，她上大学后学习社会学，在 1973 年拿到学位。毕业后，奥尔曼搬到加州伯克利市，在一家面包店当侍者。她在那样的环境下干了 7 年，但一直怀着去做一番大事业的梦想。她想开一家属于自己的饭店。幸运的是，后来一个老主顾借给她 5 万美元。她想，这笔钱用来开饭店不够，她决定进行投资。由于她对投资一无所知，就雇了一个经纪人代为操作，在 4 个月时间里，这些钱就全赔了。

栽跟头

奥尔曼认为她的经纪人不诚实，欺骗了她。但她依然身无分文。那时，她做出了一个改变她一生的决定，决定去学金融，然后做一个经纪人。她没有花多长时间就取得了很大成功。她的导师，曾在美林证券公司做过经纪人的导师克里夫·西特拉诺说："我见过很多非常好的投资者，但是没有人能比她更会向投资者进行销售。"

1987 年，奥尔曼开了自己的公司，开始赚更多的钱。但是接下来她遇到了困难。奥尔曼说："我的公司成立不久，我差点被我遇到的最糟糕事情给毁了。"她的一个雇员偷了她的钱，试图摧毁她的事业。尽管奥尔曼最终将这个雇员送上法庭，并打赢这场官司，但这个经历却给她留下了阴影。后来她不再去见大客户，暂停公司的业务，却还保持着高消费的生活方式。她没有挣钱，也没有正确管理财务，几乎垮掉。

重整旗鼓

最终让奥尔曼清醒过来的，是一张旧金山海湾大桥的过桥费票据。她回忆当时的情形：

"我记得过桥费是40美元，但是我没有40元，也没有20元，甚至没有10元，我不得不用已经透支的信用卡再刷一次才能过关。在我开着那辆租来的高档车驶下桥时，我看看手上用信用卡买来的价值8000美元的手表，身上穿着从大百货公司买来的价值2000美元的真皮夹克，我对自己说的大谎言终于第一次变得那样真实。我终于在通往破产的不归路上减下速来。"

在那之后，奥尔曼决定改变。她勇敢地面对现实，开始在财务上重整旗鼓，开始努力工作。同时她决定帮助别人，做她所做过事情，也就是改变人们对待财务的方式。

从那以后，她卖出了上百万本书。但是财务不是她唯一的动力。她说："我这样做不再是为了钱了。钱不再让我着迷。人们都以为金钱是我生活的全部。我的公寓只是90平方米。我本来可以在公园大道上花1000万美元买一套豪宅，但那样做有意义吗？"

奥尔曼也面临着很多批评。一些人说她对待钱的方式太简单，另一些人则对她一些古怪观点不感冒。但有一点是确定的，她已经在生命中解决了财务问题。她每天都挣到钱，并很好地管理钱。现在她有多少钱已经不再重要。她保持着低调的生活方式：她开着一辆旧车；当她不在纽约的时候，她住在奥克兰一所普通房子里，那是在她成名前买的。但是她有很多选择。在财务上，这的确是度量成功的尺码。

应用和训练：每天赚取和管理好财务

你今天的财务决定

关于你的财务，你处于什么状况？自问下面三个问题：

我是否做出决定，去赚取和管理好我的财务？

如果是，我何时做出这个决定的？

我具体决定了什么？（写在下面）

_____

_____

_____

_____

你每天的财务自律

根据你做出的财务决定，为了成功，今天和每一天，你约束自己做的其中一件事情是什么？（写在下面）

_____

_____

_____

_____

弥补昨天

如果你在正确做出财务决定并且每天在财务方面自律上需要帮助，可以做以下事情。

1. 拳击手乔·路易丝曾经说："我不喜欢金钱，但是它确实能使我平静下来。"你的金钱观是什么？你期待金钱为你做什么？它做不到什么？赚钱扮演什么角色？你如何尽量扩大你的赚钱能力，同时确保用正确的态度对待金钱？把你的想法都写下来。
_____
_____
_____
_____

2. 你正处于哪个人生阶段：学习、赚取还是回馈？你需要做什么，来确保让你目前所处的阶段收益最大化？如果你正处于学习阶段，你或许应该回到学校，参加个人成长课程，或找到一个导师。如果你处于赚取阶段，你应该知道如何杠杆你的才智、技能和经验。如果你正处于回馈阶段，你应该已经积累了财富，去支持有价值的使命。这帮助你展望人生的下一个阶段，告诉你能做什么，以便更好地为将来做准备。

3. 如果你还没有学会管理好财务，你需要立即做出改变。看看你把钱花在哪儿了，然后制定预算。

4. 如果你深陷债务，就要把自己挖出来。消除你的消费债务。这需要花时间，但收益是巨大的。摆脱债务，重新掌控你的财务，不仅会在财务上给你带来很大好处，在感情上甚至精神上对你也很有利。

展望明天

花些时间反思自己的财务决定，以及每日自律，如何对你的将来产生积极的影响。复合效益如何？（写在下面）
_____
_____
_____

你所写的东西会时常提醒你，因为今天的反思激发你每天自律，每天的自律使你昨天的决定最大化。

第十章

今天的信仰赋予我安宁

大约 30 年前,我第一次举办领导力研讨会时,所有听众都是牧师。但是这些年以后,越来越多的商界人士发现,我教授的领导力原则同样适用于他们。今天,我的学员中有 70% 是商业领导人。过去七八年里,各大企业、商业团体及领导力研究机构纷纷邀请我演讲(最值得一提的是 2003 年,我在西点军校给师生的领导力演讲)。

我给商界人士演讲时,经常分享我的牧师经历。信仰是我人生中最重要的东西,但是我也很清楚,许多人与我的观点不同,我从来不会将我的信仰强加于人。我最近对一些公司经理人演讲时,其中一个人问我:"你是从哪里学到这些领导力原则的?"

我告诉他:"我认为你不会想知道的。"

他说:"我当然想知道。"

我答道:"你也许不喜欢我的回答。"

"试试看吧。"

我说:"好吧,我所知道的所有领导力知识,都来自于《圣经》。"他对此很吃惊却很尊重。

我想我对信仰的看法可能会令某些读者产生矛盾心理。如果你感到矛盾,我要道歉(如果确实如此,你可以跳过这一章不读)。但是,如果你了解我的背景之后,你可能就会对信仰成为我"每日十二事"之一而感到释然了。我将这一话题作为本书的一章，有两方面的理由。首先，为了诚信的缘故，它必须如何。我毕生都在努力增强我的信仰，并鼓励他人也这么做。其次，我希望对你的信仰保持敏感。我与你分享我的信仰旅程，目的是鼓励你开拓自己生命的这一层面。我真诚地相信，信仰把持着人生意义的钥匙。

对信仰的怀疑

当提起信仰这一话题时，人们的反应是很有趣的。多年来，我发现，人们对信仰会有以下六种反应：

1. **忽视它**：当人们觉得，某样东西不适用于他们的时候，会怎么做呢？通常会忽视它。有些人认为信仰与他们无关，似乎是过时的东西——另一个年代的产物。
2. **误解它**：有人以为信仰有如烟雾般过于神秘和虚无缥缈，因此不想碰它。
3. **低估它**：有人认为信仰对别人更合适，对自己不适用。如果家庭成员没有信仰，朋友圈内没有人有信仰，他们也以为信仰不适合自己。
4. **抗拒它**：你是否遇到过别人与你争论你的信仰？他们不重视信仰，与别人争辩说，信仰没有价值。
5. **拖延它**：有些人潜意识里认为信仰很重要，但他们现在不想处理它（我猜想，他们担心如果有了信仰，他们将不得不放弃一些他们现在觉得重要的东西）。于是他们说，将来再考虑信仰的问题吧。
6. **探索它**：他们愿意试一试。我希望，你对信仰的反应是这一种。

为何信仰帮助你赢在今天

歌德说："我完全相信，灵魂是不可灭的，其活动将贯穿永恒。"即使怀疑论者也承认，人都有精神层面。哲学家查丁说：**"我们不是有着精神存在的人；而是有着人类经历的精神存在。"** 有些心灵的渴求，是用物质方式无法满足的，只有用精神经历方可满足。

让我们来看看信仰能做到的一些事情：

信仰给予我们今天超凡的洞察力

人生中有许多难以理解的事情。信仰让灵魂看清肉眼看不到的东西。正如哲学家菲利普·彦西所说："信仰就是提前相信那些反过来说才合理的事情。"

如果你为人父母，你就会明白这个道理。孩子们幼年时会问许多问题，大多数时候我们可以比较具体地回答来满足他们。但是有时我们告诉孩子的东西，以他们的人生经历却无法领悟。这就像对一个三岁小孩解释，如果他跌进一个游泳池而周围没有人的话，他会淹死。

"为什么我会淹死呢？"孩子会问。你努力解释，但是最后，你只能说："你只要相信我的话就对了。"

或许任何一个人所面临的最难的问题就是死亡。最近我出席了我的好朋友汤姆·开普曼妻子的葬礼。悼词中有首诗透彻地抓住了信仰的力量及其洞察力。这首诗是这么说的：

> 我蠹立海岸边
> 一艘船出现
> 她的白帆迎着晨风飘扬
> 向着大海起航
> 她如此美丽
> 我目送她消失在天际

有人在我身旁轻声道：
"她走了。"去哪里了？
消失在我的视线里，仅此而已；
她仍然如我上次见她一样大小。

缩小的尺寸，消失的踪影，
只是在我的视野里，并非在她那里；
正当有人在我耳边说"她走了"的一刻，
其他人正注视着她来，
无数个声音在欣喜地喊道：
"她来了！"

有信仰的人明白，当我们放大自己的视野，从更高的角度看待人生，每件事情都会展示出更多道理。愿意走出这一步可不容易，尤其当你天性多疑时。但是我相信，如果你真心愿意从上帝那里获得洞察力，你会得到回报的。

信仰给予我们今天的健康

多年前，我读到一篇普度大学的研究报告，发现那些定期参加宗教仪式的人，得病率只有那些没有信仰的人的一半。研究者的结论是，宗教能使人减轻压力，增加幸福感，因为信仰给人生带来意义和洞察力以及有价值的社交网。如果你想改善你的身体状况和心理面貌，增强你的信仰可以帮助你。

信仰赐予我今天的力量

任何坚实的信仰都会给予人力量。很少有东西能像信仰那样助人渡过逆境。新西兰前总理霍兰德曾经说过："信仰能吸出所有悲伤的毒，拔掉所有损失的刺，浇灭所有伤痛的火。只有信仰能做到。"信仰赐予人力量。

反之亦然。缺乏信仰将令人毫无能量。未来没有信仰，现在也会缺乏力量。多年前，美国缅因州计划修建一个水电坝，大坝形成的湖水将淹没一个小镇。宣布大坝修建一段相当长时间后，小镇居民才开始移民。得知小镇将会被淹没后，人们不再维修或修补房屋。道路无人打理，路况每况愈下，小镇变得极其破败，早在居民全部迁走之前，它看起来就像座废城了。

信仰赐予我今天的韧性

信仰不仅赋予人力量，还使人更坚忍不屈。扮演超人的电影演员克里斯多夫·芮弗从马上摔下来、摔断脖子后不久，他几乎打算放弃。但是他妻子丹娜对他的相信，令他找回了力量。现在他的决心与信念远近闻名，他相信这也是美国人内心的一部分。

当你相信某个东西时，你就有了一样东西，让自己为此而活。即使你遇到极其困难的情况，也能不断前进。德兰修女的话是最好的总结："庇佑信仰者，方得信仰庇佑。"

做出决定，每天加深并活出自己的信仰

我在一个充满信仰的家庭长大。我的父亲麦尔文年轻时就担任牧师，直到今天83岁仍主持教会。我小时候，每天听着父亲和母亲的信仰之语长大，但是你不能靠别人的信仰而活。每个人必须自己做决定，依照自己的信仰行事。17岁时，我决定了自己的信仰，接受耶稣基督作为我的救世主。

这一决定塑造了我的人生。上帝对每个人的爱影响着我对他人的看法。《圣经》教我如何对待他人。上帝对我的爱赋予我极大的自尊。《圣经》教我如何带领他人。我所知道的所有领导力知识，都是从《圣经》上学到的。

真正的领导力从心灵开始——从品格开始。上帝不是要我们表现出不同，而是成为不同的人；不是要表现出诚实，而是要成为诚实的人。

然后，诚实将成为你领导力的核心，成为你生命的核心。我的信仰不仅给予我安宁，而且给予了我一个领导力和生活的伟大模式。

如果你想要诚实地探索信仰，就要懂得：

我们已经拥有信仰……重要的是我们将其放在哪里

作家约翰·比斯格诺说："信仰是生命的中心。你去看一个你叫不出名字的医生。他给你一个你看不懂的药方。你将药方拿给一个你从未见过的药剂师。他把你不明白的药给了你，但你却接受了这个药。"

我们都有信仰。每天我们按照信仰行事，这些信仰很少或没有证据支持。精神信念也是这个道理。一个人相信上帝的存在，而一个无神论者则相信没有上帝。两个人都拥有强烈的信念，但是没有人能提供证据来绝对地证明其观点。现在你有了某个信仰，你应该尽快将你的信仰与真理保持一致。追寻真理，我相信你会很快找到的。

要懂得信仰往往在苦难中诞生

我已经说过，有些怀疑论者将信仰看做是一个负面的东西，几乎是软弱的标志。如果信仰对你仍然陌生，你不知道如何对待它，我建议你将它看做是人生旅途中一个调整方向的机会。如果你正经历苦难，就让自己在应对苦难中探索信仰吧。信仰不仅可以帮助你渡过危机，而且可以帮助你在苦难之后以全新的视角来对待人生。信仰能帮助你以充满希望与勇气的态度面对现实。

未经考验的信仰是不可信赖的

这节的题目是"做出决定，每天加深并活出自己的信仰"。仅仅做出信仰的决定是不够的。如果你想要活出信仰，你就要努力加深它。信仰只有不流于表面才能给予你宁静与力量。信仰越深，就具有越大的力量，带领你度过艰难时刻。

在近代历史上，没有什么比纳粹大屠杀更能考验世人的信仰了。维也纳精神学家维克多·弗兰克尔是纳粹暴行的幸存者之一。1942年至

1945年，他被关押在奥斯维辛和达豪集中营里。弗兰克尔说过："在逆境和灾难中脆弱的信仰会更脆弱，而坚定的信仰则更坚定。"尽管他目睹和经受了如此多可怕的浩劫，他的信仰却并没有削弱——反而加深了。

管理信仰

有上千本书写过如何活出信仰，或许正是因为如此，这是如此困难的事情。对我而言，这可以用一句简单的话来领会：每天都像耶稣那样生活和带领。话虽然简单，做起来却不容易。活出信仰是我每天必做的"每天十二事"的最大挑战。问题在于，我往往不想像耶稣那样生活，而是想像约翰·麦克斯韦尔那样生活。但是有了上帝的帮助，我不断成长。当我确实追随了上帝的脚步并活出其原则时，人们得到了帮助，自己也得到了满足感。

以下四个建议可以帮助你掌握按照信仰自律：

拥抱信仰的价值

我已经列举了许多理由说明为什么我认为信仰是有益的，让我再加上一条吧。人生有些事情只有通过信仰才能理解。过去，许多人希望科学能够解答人生所有问题，但是科学无法做到这一点。颇具讽刺意味的是，科学事实所论证的真理每个年代都在变化。只要看看科学家如何看待太阳系就知道了。托勒密（公元2世纪的古希腊天文学家、地理学家、数学家，地心说的创立者）相信地球是太阳系的中心。哥白尼（波兰天文学家，现代天文学的创始人）则声称太阳是太阳系的中心，所有行星都按照圆形轨道围绕太阳转。开普勒（德国天文学家和数学家）证明了这些轨道是椭圆形的。今天，科学家们不再争论太阳系的构成，但是关于太阳系如何形成的理论却在不断变化。实际上，最近，科学家们发现了球状星群中最老的行星，并命名为M4。他们称其为"惊人的发现，将使科学家们修正原来的行星形成理论"。

对比科学与信仰。犹太教和基督教的核心信念几千年来都没有变过。人类生活有着一个精神层面，这是无法否认的。精神需求必须从精神层面满足，其他任何东西都无法填补这一空缺。

将上帝放入画面中

有这么一个故事：一个人开了辆敞篷车在山路上行驶，意外碰到一个急转弯，车子坠下了悬崖。车子坠落时，他努力抓住悬崖边上的一棵树，而车子坠入了万丈深渊。

"救命！"他喊道："有谁听得到我吗？"唯一的回答是山谷的回音。

他哭喊着："上帝，能听到我说话吗？"

忽然，云层密布，一个像雷一样的声音说："是的，我能听见你。"

"你会救我吗？"

"是的，我会救你的。你相信我吗？"

"是的，我相信你。"

"你信任我吗？"

"是的，是的，我信任你。请快点救我。"

雷一样的声音说："如果你信任我，就把手从树上放开。"

那个人沉默良久，喊道："还有其他人听见我吗？"

如果你想拥抱信仰，你必须让上帝进入你的生活。除了上帝，没有其他人值得我们无条件地信任。神学家迈耶说："不信将我们的境遇横亘于我们与上帝之间。信仰则将上帝置于我们与我们的境遇之间。"谁不愿意获得造物主的帮助呢？

与有信仰的人交往

有一次，喜剧作家鲍勃·霍普去机场接他的妻子多乐丝，多乐丝刚做完一些天主教会的慈善工作。当她的私人飞机驶进机场时，从飞机上下来的头两个人是天主教牧师，然后才是多乐丝，后面还有四个天主教牧师。霍普转过头对身边的一位朋友嘟囔："我不知道她为什么不像其他人那样买保险！"

事实是，近朱者赤。如果你想增强自己的信仰，与那些有信仰的人在一起，向他们学习，看看他们是怎么想的。

探索并深化你的信仰

培养信仰与健身非常相似。如果你想有个好的健康条件，你需要定期锻炼身体。如果不这么做，你不仅没有力气和身材，而且开始失去你原有的身材。

19世纪的平民教士穆迪创办了诺思费尔德神学院和穆迪圣经研究院。他是这么解释自己如何培养信仰的："以前我为信仰祈祷，认为某一天信仰会像闪电一样对我醍醐灌顶。但是信仰似乎没有来。一天，我读到圣经罗马书第十章的一段：'信仰来自倾听，倾听上帝之语'。看到这话后，我打开圣经开始学习，信仰从此开始增长。"

对信仰的回顾

公元396至430年任希波城的大主教圣奥古斯丁曾经说过："信仰就是相信我们没有看见的；信仰的回报就是看见我们所相信的。"1964年，我做出信仰的决定时，我知道自己做了一件对自己灵魂有益的事情。但是我不知道"看见我所相信的"在我的人生中如此戏剧化地应验了：

在我十几岁时： 我的信仰给了我永久救赎的保证。
在我二十几岁时：我的信仰给了我意义与满足。
在我三十几岁时：我的信仰给了我帮助他人的平台。
在我四十几岁时：我的信仰给了我带领的基础。
在我五十几岁时：我的信仰给了我他人无法给予或夺走的宁静。

我无法相信，如果没有信仰作为人生的中心，我的人生将会怎样。

梦想天国

自从幼年起,里克·哈斯本就想成为一名宇航员。他记得四岁时第一次看见宇宙飞船发射的情景,他对阿波罗飞船简直着了迷。里克四年级时就想成为宇航员,并且为之做所有必要的努力。

当哈斯本到得克萨斯理工学院念大学时,他学习机械工程并成为空军后备军官训练队的成员。他完成了本科的飞行员训练,然后开始他在空军中F-4战斗机飞行员的生涯。不久,他成为飞行教练和试飞员。作为项目经理,他协助提高发动机性能的工作。他成为F-15演示飞行员,并且参加了与英国皇家空军的飞行员交流计划。总之,他在四十多种不同飞机上飞行了3800多小时。他是飞行员中的翘楚。在这一过程中,他不仅获得了加州大学的机械工程硕士学位,而且结了婚,有了两个孩子。他不仅以自己的专业技术赢得了尊敬,而且以其信仰和作为丈夫和父亲的奉献精神赢得尊重。

正确的东西

1994年,哈斯本最终实现了他的宇航员梦,几个月后开始了训练。1999年,他作为"发现号"宇宙飞船的飞行员第一次进入太空,感觉棒极了。哈斯本德说,"太空飞行最令人享受的就是从不同的视角观察上帝的杰作;你看到的景色有如此不同美妙的侧面,无论从哪个方向看,都是令人敬畏的美景"。

哈斯本的下一次太空之旅是乘坐"哥伦比亚号"。这次他将是机长。像往常一样,他的家人在佛罗里达州观看了起航。这总是最令人紧张的时刻。里克的妻子伊芙琳形容说,"由于挑战者号的失败,最糟糕的时刻就是起飞时的头几分钟。当我看见火箭升空后,我的心也落了地,因为我终于感到全家人都安全了"。

第十章 今天的信仰赋予我安宁

大家没有料到，"哥伦比亚号"返回地面的最后一刻，会发生意外。2003年2月1日，大约上午九点，"哥伦比亚号"在达拉斯上空解体，这里离里克·哈斯本长大的地方只有几百英里。7名宇航员全部遇难。

悲剧发生的两天后，伊芙琳接受了电视节目《今天》的采访。伊芙琳非常镇静，她谈到"哥伦比亚号"宇航员的所有家属如何团结起来互相安慰，如何一起共度悲伤，以及国家宇航局如何支持他们。她表达了太空探索应该坚持下去的愿望。她也谈到自己是如何渡过这一难关的：

> 当里克为人们在照片上签名时，他总是写圣经箴言篇3：5-6中的一句话：'你要专心仰赖耶和华，不可倚靠自己的聪明；在你一切所行的事上都要认定他，他必指引你的路。'这句话成为我和里克的祝福，现在成为我巨大的依靠，因为我并不明白现在发生的事情，但是我相信上帝，这是我巨大的安慰。

如果你想要获得像伊芙琳·哈斯本那样的安宁，以及她和里克所获得的保证，确定一个信仰吧，每天学习加深并活出你的信仰。

应用与练习：每天加深并活出你的信仰

你今天的信仰决定

关于你的信仰，你处于什么状况？自问下面三个问题：

1. 我是否已经做出决定，每天加深并活出我的信仰？
2. 如果是，我何时做出这一决定的？
3. 我具体决定了什么？（写在下面）

_____

_____

_____

_____

你每天的信仰自律

根据你做出的信仰决定，为了成功，今天和每一天，你约束自己做的其中一件事情是什么？（写在下面）

_____

_____

_____

_____

弥补昨天

如果你需要帮助，以做出正确的信仰决定，并培养每天的自律，以活出信仰，请做以下练习：

1. 目前为止，你对信仰持何态度？你的态度是忽视、误解、贬低、抗拒还是拖延？尝试去了解你个人的信仰障碍。你必须做什么来消除这些障碍，去信仰上帝？

2. 有时候当人们打开心扉寻求精神真理时，他们可以回顾自己的生活，看到上帝之手在起作用。思考你自己的人生。是否有些时候，上帝正在引起你的注意？是否有时候，你被保护免于受伤害，即使你做了错事？

3. 如果你曾经拥抱信仰，但是现在放任自流，或许这是因为你没有去加深它。回到你的精神根基上，探索一下。更新自己，学习圣经，你就会明白你忽视了什么。把上帝重新放回你的画面中。

4. 寻求那些你所尊敬的、有信仰的人，与他们谈谈他们的信仰，让他们推荐有助于你成长的书籍和光盘。找出他们的精神纽带，这样你也可以找到一个可以连接的社区。

展望未来

花时间反思你的信仰决定，以及每日自律，如何对你的将来产生积极的影响。复合效益如何？（写在下面）
_____
_____
_____
_____

用你所写的不断提醒自己，因为今天的回顾能激励你每天自律，每天自律能将你昨日的决定最大化。

第十一章

今天的人际关系赋予我满足感

1990年12月,西方石油公司主席阿曼德·海默逝世。他是一个传奇。在92年的生命中,他做了许多人只能梦想的事情。他是成功的国际商人、能影响总统和政治家的人、慷慨的慈善家和艺术事业资助者。《今日美国》称其为"一位资本主义的巨人和世界领袖的知己"、"为了世界和平和战胜癌症的孜孜不倦的战士"。《洛杉矶时报》一篇文章这样写道:

> 这位亿万富翁企业家以其丰富多彩的职业生涯令人眼花缭乱。作为公众人物,他与皇室、各国首脑、富人和名人相处融洽,也引起了争议。热忱的追随者们折服于他的机敏才智和大胆策略,但严厉的批评家们则怀疑他的道德观和自我主义。他拥有巨大财富,献给学校、博物馆、癌症研究中心达数十亿美元。

大多数报道提到他的许多成就,包括:21岁时赚到第一个100万美元;1921年向苏联提供人道主义援助和饥荒救济,改善美俄关系;获得十几个国家颁发的荣誉奖章。1990年,海默去世前,别人为他写的传记以华丽的语言描绘他。故事讲,当他还在读医学院时,就拯救了父亲的医药公司；二十几岁时去苏联旅行并在那里赚了大笔的钱；购买并收藏了大量极其珍贵的沙俄时代的艺术品和珍宝，回到美国后这些珍宝令他发了一笔大财。之后，他又购买了当时正在挣扎的小型石油公司——西方石油公司，将其变为一个数十亿美元资产的大公司。大多数人认为他是一个商业奇才，但是他死后，真相才浮出水面。

公共关系重于人际关系

海默的形象得益于七十多年精心策划的公关宣传。他制造了自己大部分的"历史"。他一直控制着关于自己的消息，雇佣幕后写手为他创作虚构的传记，甚至为了制作电影推销自己而成立了一个海默创意公司。所有的一切都是为了掩盖一个贪婪的骗子，他对人就像对物品一样，利用完之后，就像垃圾一样扔掉。

政治学家和作家爱德华·杰·爱普斯坦出版了一本题为《档案：阿曼德·海默秘史》的书，揭露了海默的真实经历。海默并没有在20岁时成为百万富翁，也没有在苏联收集过艺术品。他想做生意赚钱，但负债累累，实际上他是通过政府提供的商业特许权和为苏联秘密特工洗钱过活。当苏联官员需要出售他们在革命前没收的艺术珍品时，他们就找海默。海默编造自己第一个100万的故事，是为了解释自己为何有钱买进艺术品和珍宝。他在美国卖出这些珍宝后，能够获得一部分回扣。

在海默娶了他的第二任妻子之前，他从来就没有过大笔的钱。1928年，他与第一任妻子奥尔加在俄罗斯结婚。1925年他第一次遇到奥尔加时，奥尔加已经结婚，但海默迅速说服她与丈夫离婚。1929年，他们有了一个儿子朱利安。但是随着海默欲望的增长，奥尔加不适合他想打造的形象，他开始寻找另一个妻子。他开始追求社交名媛安吉拉·凯利·泽卫理，安吉拉的家族与罗斯福家族往来甚密。1943年，海默与奥尔加离婚三个星期后，就娶了安吉拉。他用安吉拉的钱与政治关系，从政府获得了特许权，这样他就可以制造民用酒，而当时大部分酿酒厂都必须制造战争用品。这个买卖利润惊人，但他因此负债累累。

1950年前后，海默已经利用安吉拉达到了目的，便准备寻找下一个妻子。他发现了寡妇弗朗西斯·托曼，她的丈夫留给她800万美元的遗产。他已经许诺他的情妇墨菲，与安吉拉离婚后就娶她，但是他食言了——即使墨菲怀上了海默所称的希望得到的孩子。他把墨菲送上去墨西哥的船，安排她与另一个男人假结婚，以避免自己在孩子的出生证上签字，并且让墨菲许诺不会告诉孩子他是父亲。当他1956年离婚后，他就与弗朗西斯结婚，用弗朗西斯的钱替自己的公司还债并且买了西方石油公司的股票。

一个新角色

海默不久就成了西方石油公司的总裁和主席。他已经（虚假地）建立了自己作为成功商人的声誉。他天花乱坠的宣传和曝光率，抬高了公司的股票价格。然后，他用升值的股票买其他公司。因为他只有公司10%的股票，为了绝对控制公司，他强迫西方石油公司董事会所有成员给他署名没有日期的辞职信。这样，他就可以防止董事会成员对他投反对票。当他看见利比亚的石油交易获利巨大，他就靠贿赂插了一脚。

而且，他还把西方石油公司当成他自己的个人账户。最后，他只有西方石油1%的股票，但是因为他是公司主席，他将公司资源用来资助他的慈善活动，支付他的各个宴会，支付他的私人律师费和保镖费，并且还支付他私人飞机——一架波音727的开销。

同样的老故事

海默似乎烧毁了他搭过的所有关系桥梁。他在西方石油公司没有一个朋友。他"像对待仆人一样炒了所有高级经理的鱿鱼"。他让自己的父亲替自己坐牢（海默拙劣的流产手术导致一位妇女身亡，他父亲，一位老医生，替他担当了罪名）。他忽视自己唯一的儿子，有时还付钱给儿子让他别出现在公众面前，强迫儿子要跟他电话交谈也得预约。他避而不见自己的私生女维多利亚。他留下一连串破裂的婚姻，就连他最后一个妻子弗朗西斯死前也留下证据，以便她的亲人起诉海默骗取了她4亿美金。而多年来，海默不断地追求、抛弃女性，并用西方石油公司的钱为她们付账。

海默与他两个兄弟的家庭也反目成仇。1970年，当他哥哥哈里的妻子去世时，她的家人要求海默归还他们居住了六代的密西西比州维克斯堡的家宅。他却以22000美元的价格把宅子卖给了一个陌生人。1985年，他的弟弟维克多死后，海默起诉要取得70万美元财产中的66.7万，而不是把它留给维克多的孩子和其卧病在床的妻子。海默最终放弃了起诉以避免曝光，只是因为维克多的女儿扬言要将这件事公之于众。

所以在1990年12月13日海默举行丧礼时没有几个人参加，就不足为奇了。他的儿子朱利安没有出席，他两个兄弟的家人也无人出席。给他护柩的只有他的司机、男护士以及两个私人雇员。

最终，海默一无所有。他没有人们以为他拥有的巨额财富。在海默死后的一年中，一百多个慈善机构、博物馆、家庭成员和其他人争夺他的遗产；因为他曾经公开承诺要捐献大笔财产给许多慈善机构，但是许多承诺都没有兑现。在他死后的几天内，西方石油公司就与他脱离了关系，其网站甚至没有提到他。他珍贵的个人形象垮台了。苏联解体后，秘密文件公之于众，他小心隐藏的在苏联间谍网的角色也曝光了。

为什么人际关系帮助你赢在今天

直到92岁去世前，海默都显示出永不满足的动力。很难知道是什么点燃这些动力，但是我猜想生活中缺乏满足感的人际关系或许是其中一个原因。在某种程度，他似乎忽略了人际关系的一些关键原理：

人生的最美好经历与他人有关

人类历史上所有意义深远的成就都是由团队完成的。我们尊敬饱经沧桑的个人，但没有一个英雄或独行侠能够在现实生活中凭单打独斗而取得成就。绝大多数人生中的美妙时刻——那些震动我们心弦的时刻——都与他人有关。我们绝少独自品尝这些时刻。即使有时我们独自经历了这些时刻，我们的第一反应就是与他人分享。

回顾你人生中最重要的经历，情绪最高昂的时刻，取得最大胜利的时刻，克服了最大障碍的时刻，有多少是你独自度过的？我敢打赌很少。当你明白，与他人相连是人生最大的喜悦之一时，你就意识到，人生的最好，由主动投入和投资于稳固的人际关系开始。

如果喜欢他人，你会更享受生活

在你认识的人中，谁看起来最享受生活？他们是否消极、多疑、易怒和反社会呢？当然不会！你什么时候见过这种人能热爱生活、乐趣多多的？生活的吝啬鬼是不会享受任何东西的。反之，那些喜欢他人的人去到哪里都有乐趣。如果你喜欢他人，无论你去哪里，都会遇到朋友。

如果别人喜欢，你就能走得更远

销售学中有句老话："**所有条件都相同，讨人喜欢者赢。不是所有条件都相同，讨人喜欢者仍然赢。**"人生任何方面要取得进步，还没有什么能取代人际关系技巧呢？疏远他人的人日子是不会好过的。因为：

- 当人们不喜欢你时……他们会想伤害你。
- 如果他们无法伤害你……他们不会帮助你。
- 如果他们不得不帮助你……他们不会希望你成功。
- 如果他们不希望你成功……人生的胜利也会空洞无趣。

《以你的力量发出吼叫》一书的作者唐纳德·克林弗顿和保拉·尼尔森说："人际关系帮助我们定义我们是谁，以及我们可以成就什么。**大多数人都可以把成功归于某些关键人际关系。**"你与那些曾经不喜欢你的人，有多少积极的关键人际关系呢？

人是任何组织最能升值的资产

任何成功的组织都离不开其成员。无论是企业、体育团体、教会还是社会组织。在组织上,你会因为你的同仁而生或死。所以,《从优秀到卓越》的作者吉姆·柯林斯写到招聘正确的人一道工作的重要性。

只要你研究任何成功的组织,你会看到这些组织都重视它们的成员。联邦快递的创始人弗雷德·史密斯说:"联邦快递自成立之初就把员工放在第一位,既是因为这是正确的做法,也是因为它是好生意的来源。我们的企业价值观是这样的:人—服务—利润"。把你的员工视为你最大的资产,他们就会不断增值。

做出决定,每天开始并投资于牢固的人际关系

1965 年我读大学时,选修了大卫·凡·胡斯博士的心理学 101 课程。有一天他讲课时谈到的事情,引起了我的注意。他说:"如果你一生中有一位真正的朋友,你非常幸运。如果你有两个真正的朋友,你是非常罕见的。"我极其震惊。作为一个活泼型学生,我以为每个人都有很多朋友。即使胡斯博士将友谊定义为无条件的爱,我仍然非常惊讶。

人际关系对我来说一直非常重要,我年轻时就有好人缘。在我十几岁时,我父亲就鼓励我读戴尔·卡耐基的《人性的弱点》。我一直记得这位人际关系大师在书中的建议:"要交朋友,你必须首先友好。"我信奉这条建议。听了这位心理学教授的话,我决心有意识地将人际关系提升到一个新水平。当时我就做了一个人际关系的决定:我要开始并投资于与他人的关系。

我想许多人并不为自己的人际关系负责。他们只是让事情发生,而不是促成事情发生。但是要想有能带给人满足感的稳固人际关系,你要改变自己与他人交往的思维方式。以下是你可以做的几件事:

高度重视他人

让我们面对现实，如果你不关心别人，就不可能优先对待建立良好人际关系。我的朋友肯·布兰佳开玩笑说，机动车管理部门显然专门雇佣那些恨别人的人。当你去拿驾照时，你就等着挨呲儿吧。全国年度销售冠军莱斯·吉布林说得对："**如果你暗自觉得那个家伙不重要，你就无法让他感觉你很重要。**"

解决办法就是重视他人。期待每个人都会展现最好的一面。假设别人的动机是好的，除非其自己证明相反。在别人的最佳时刻评价他们。给予他人友谊而不是向他人索取有益，别人将最终决定给予你友谊。

学会理解他人

企管大师汤姆·彼得斯和南茜·奥斯汀说："**美国最大的生产力管理问题很简单，就在于与员工和客户失去联系的经理们。**"我认为一个可能性就是，有些经理不重视他人。但情况并不总是如此。许多人关心他人，但是仍然与人失去联系。在这种情况下，我认为问题就在于他们不理解别人。

如果你想要提高对他人的理解，建立良好的人际关系，请记住以下几点关于人的真理，以及采取什么行动以填补鸿沟：

- 人们都缺乏安全感……给予他们信心
- 人们都想感觉独特……真诚赞美他们
- 人们都想要更好的明天……给他们展现希望
- 人们都需要被理解……倾听他们
- 人们都是自私的……首先谈论他们的需要
- 人们会情绪低落……鼓励他人
- 人们都想要成功……帮助他人成功

当你理解他人时，不要将他们的弱项私人化，帮助他们，你就为良好的人际关系奠定了基础。

无条件尊重他人，并期待赢得他人的尊重

一天，有个人到达机场，看见一个衣冠楚楚的商人正对一个搬运工吼叫，责备其搬运自己行李的方式。这个商人越愤怒，搬运工就越冷静、越职业。当那个口出恶言的人走后，旁观者赞扬了这位搬运工的克制。"哦，没关系。"搬运工说，"你知道，那个人要去迈阿密，但是他的行李正往卡拉马祖运呢。"不尊重他人的人，实际上总是伤害他们自己——而且往往带来其他负面后果。

我相信每个人都值得尊重，因为每个人都是有价值的。我也发现，首先给予他人尊重是与他人交往的最有效方式。但是，这并不意味着你就能要求他人尊重你。你必须赢得尊重。如果你自重并尊重他人，展现自己的能力，别人总是会尊重你的。如果每个人都尊重他人，这个世界将变得更美好。

致力于给他人增加价值

19世纪的英国传教士查尔斯·皮津建议："**将你的名字刻在别人心上，而不是大理石上。**"要做到这一点，最好的方法就是为他人增加价值。可以这样做：

- 在别人身上寻找能力
- 帮助他人发现其能力
- 帮助他人发展其能力

有些人把与别人的每个交往都视为交易，只在能获得价值的前提下，才增加他人的价值。如果你想要把与别人的关系放在首要地位，你必须检查自己的动机，确保自己不是为自己的利益而操纵他人。

为了确保动机正确，听取《相亲相爱》一书作者里昂·巴斯卡格拉的建议吧："每次开始一段人际关系之前，都要问：我对这个人有什

么不可告人的动机？我的关心是否是有条件的？我是否正努力回避什么？我是否打算改变这个人？我是否需要这个人来弥补我自身的缺陷？如果你对这些问题中任何一个的答案是'是'，不要跟这个人交往。不跟你交往的话，他或她会更好。"

管理人际关系

很多时候，我们把人际关系视为理所当然。因此，我们并不总是给予人们应有或需要的重视。但是良好人际关系需要大量努力。为了保持人际关系不偏离轨道，以便使其成功，我实行这样一个自律：每天，我都做出有意的努力，将好意注入我与他人的关系中。

这意味着我给予的比我所期待获得的更多，毫无条件地爱别人，努力为别人增加价值，给我所珍视的人带来欢乐。每天晚上，我衡量自己人生的这一方面时，都自问："我今天是否为他人着想了？别人与我在一起的时候，是否感到高兴？"如果答案是肯定的，我就做到了本分。

如果你想要通过自己每天的行动来改善人际关系，照着以下方法做：

先人后己

开始的最好方法就是先人后己：你想人家怎样对你，你也要怎样对人。如果你将这一思想深入你所有的人际交往中，你就不会犯错。也有其他方法向他人表示你重视他们，关心他们，那就是，慢慢走过人群，记住每个人的名字，对每个人微笑，迅速帮助他人。只有当别人知道你多么在乎他们，他们才会在乎你知道多少。

不要背上情绪包袱

没有什么能比每天背着旧伤疤和不愉快过日子更令人沉重了。如果你想享受与他人共度的时光，你就得抛掉它们。你不能拽着过去的过错不放，还期待着搞好人际关系。如果有人伤害了你，你需要纠正它，马上这么做。解决之后，就不要再想。如果不值得拿这个过错来说事，就忘记它，继续前行。

花时间在你最珍视的人际关系上

大多数人按照先来先得的原则给予人际关系关注。第一个引起他们注意的人，占用了他们所有的时间和精力。所以，吱嘎作响的车轮比高效润滑的车轮更能吸引人的注意力；这也是许多人下班回家就筋疲力尽的原因。既然你已经读完有关家庭的那一章，你已经知道，家庭关系是生命中最宝贵的人际关系。当你做计划时，家人应该成为你的首先考虑因素；然后才是你第二重要的人际关系。这是分清优先次序的问题。

高兴地服务他人

有一次，我听到一位航空公司高级经理解释，在航空业招聘和培训员工是多么困难。他说，服务是他们要销售的唯一商品，但也是最难教会的，因为没有人想被别人视为仆人。

海伦·凯勒曾经说过："**生命是令人兴奋的事情，最令人兴奋的是为他人而活。**"我认为这话一点不假。我活得越长时间，就越坚信，为别人增加价值是我们在人生中能做的最好的事情。因此，当我服务他人时，我努力开心地做，并做出最好的效果。

经常表达爱和欣赏

我心脏病发作后，许多人问我："你当时最大的感觉是什么，是害怕、惊恐，还是疑虑？"我的回答令许多人吃惊。实际上，也令自己吃惊。它是爱。在我不确定自己生死的那些痛苦时刻，我最想告诉自己周围的人，我多么爱他们——我的家人，我的同事和朋友们。再多地告诉别人，你多么爱他们都不过分。

我想，许多人相信，帮助他人的最好方式就是批评，向别人奉献自己的"智慧"。我不这么认为。帮助他人的最好方式，就是发现别人的闪光点，我鼓励每个我遇到的人，我想让他们知道，我在他们身上看到的强项。我实行101%原理。我在他人身上找到一个我敬佩的亮点，然后给他们100%的鼓励。这让我喜欢别人，也让别人喜欢我。还有什么比开始一段人际关系更好的事情呢？

对人际关系的回顾

随着我年岁变大，我最珍视的就是我的人际关系。很长一段时间以来，我在这一方面非常幸运。二十几岁时，在两年时间内，我在8个婚礼上担任伴郎。我数不清自己有多少朋友，我享受着美好的婚姻，我有很多几十年的老朋友。每星期，我的助理都会接到某个自称是我"最好的朋友"打来的电话。每天我都接到我爱的人的电子邮件。回顾过去，我意识到：

在我二十几岁时……我的人际关系令我每天充满喜悦。
在我三十几岁时……我的人际关系给予我智慧与洞察力。
在我四十几岁时……我的人际关系将我提升到更高水平。
在我五十几岁时……我的人际关系给予我美妙的回忆。

我最美好的时刻与回忆，充满着那些对我意义重大的人。我想，将来某一天，我的墓碑应该这么写：

约翰·麦克斯韦尔
他是我的朋友

当然，这是个笑话，说明我认识太多人了。但是如果我知道，在我死后，别人把我称做他们的朋友，我就满足了。有些高级经理说："高处不胜寒啊。"我的建议是，将你融入别人中，因为人生中最令人满足的，莫过于培养人际关系了。

我的典范，我的导师，我的朋友

当我写这一章时，我开始思考我一生中最珍视的那些人。我自问："除了家人之外，哪段人际关系对我影响最大最满足？"很快我的脑海里出现了一个名字。这个人就是比尔·布莱特博士，他是除了我父亲外、对我一生影响最大的导师。

是否曾经有个比你更大、更敏捷、更优秀的人来到你身边，关心你呢？对我来说，比尔·布莱特就是这样的人。他就是我称之的"第五层次"的那种领导人，一个超越生命的人；人们因为他的为人以及他所代表的意义而追随他。20世纪50年代，他和他妻子声明，他们将甘做自己信仰的奴仆，而他们也活出了这个诺言。他遍布世界的机构有将近13000名雇员和1万多名训练有素的志愿者。伟大的比利·格雷姆称其"对上帝的真诚、诚信与奉献在我早年担任神职起，就一直激励并赐福于我"。

20年后，比利将我收归门下，成为我的导师。他总是为我抽出时间。当我遇到领导力问题的时候，他总是诲人不倦。他成为我精神领袖的典范，激励我视野更开阔，挑战我想得更大，奉献更多。他又是我的朋友，毫不计较回报地给予我爱。

说谢谢你的一种方式

2001年，我有幸在我们的一次会议上为比尔·布莱特颁发终身成就奖，因为比利"50年来一直是领袖、开拓者以及领导者的良师益友"。他从容地接受了这一奖项。几十年来，他接受了如此多的奖项，或许这个奖对他来说没有太大意义。但是这对我来说却意义非凡，尤其是我知道当时他正在向死亡靠近。

在典礼上，我读了一封我写给比利的信，这封信是我得知他得了肺部纤维症以后写的。我记得自己在飞机上一边写信一边流泪,空姐问我怎么了,我相当尴尬。

比利的杰出之处在于他将自己的一生奉献给了成千上万的人,就像他对我的奉献一样。

2003年3月,我惊讶地接到了比利的来信。在信中,他邀请我接任他成为全球牧师网络主席,他创建的这个组织旨在培训全世界的领导者。这是一项殊荣。他不仅给予我一个改变许多人的生命的机会,而且给予我一个机会报答他对我的所有奉献。

2003年7月19日,比利·布莱特去世了。我很幸运,他是在我向他道别后的第六天逝世的。我会想念他的。但他的去世带给我的最大情绪不是悲伤,而是满足感。我与他的关系是我人生中最大的快乐之一。我想起我的心理学教授胡斯博士40年前说的话:"如果你一生中有一位真正的朋友,你非常幸运。"我知道我确实很幸运。

应用与练习：每天开始并投入稳固的人际关系

你今天的人际关系决定

关于你的人际关系，你处于什么状况？自问以下三个问题：
1. 我是否已经做出决定，每天开始并投资于稳固的人际关系？
2. 如果是，我何时做出这一决定的？
3. 我具体决定了什么？（写在下面）

_____
_____
_____
_____

你每天的人际关系自律

基于你做出的人际关系决定，为了成功，今天和每一天，你约束自己做的其中一件事情是什么？（写在下面）

_____
_____
_____
_____

补救昨天

如果你需要帮助，以做出正确的人际关系决定，并培养每天的自律，请做以下练习：

1. 你与人交往的先天倾向是什么？当你努力完成一项任务或面对一个挑战时，你认为什么更重要——情况还是其中涉及的人？如果你想先满足自己的需求，再考虑别人的需求，你需要学会更重视别人。每当你开始一个新项目或做重要决定时，都要问自己："这会对别人带来什么影响？"（如果你太专注于任务，就把这个问题列入你的日程表。）然后在你脑海里探索人的因素，设想在以人为先的情况下如何达成目标。

2. 采取行动，按照以下 7 个要点，更好地理解并与那些你生活中重要的人交往：

人们的特征	可以做的事情
① 不安全感	给予他们信心
② 想感到独特	真诚赞美他们
③ 渴望一个更好的明天	向他们展现希望
④ 需要被理解	倾听他们
⑤ 自私	首先讨论他们的需要
⑥ 情绪低落	鼓励他们
⑦ 想成功	帮助他们成功

每周选择一个人，运用这一策略来发展人际关系。

3. 开始写便条给对你人生重要的人，表达你对他们的爱与欣赏。当我做牧师时，我经常让员工每周一写便条给教友。许多人现在仍然这么做。

4. 开始有意地为别人增加价值。找到一个你认为有巨大潜力的人，做他的导师。做以下事情：

① 在他们身上寻找能力。
② 帮助他们发现自己的能力。
③ 帮助他们培养自己的能力。

5. 施乐复印机公司做了一项研究发现，"完全满意"的顾客第二年可能再次购买施乐产品的几率，是仅仅"满意"的顾客的 6.5 倍。在商业中，仅仅做好工作并不足以成功。你需要建立人际关系。在你的行业或职业里，你可以做什么来改善你与顾客、客户或员工的关系呢？今天就开始做吧。

展望明天

花时间反省你的人际关系决定，和每天的自律对你的未来带来如何

积极影响。有哪些倍增效应？（写在下面）

_____
_____
_____
_____

用你所写的不断提醒自己，因为今天的回顾能激励你每天自律，每天自律能将你昨日的决定最大化。

第十二章

今天的慷慨给予我人生的意义

如果你的收入一夜之间翻倍，你会捐出多少？如果你的净收入突然超过一亿美元呢？如果你成为世界上最富有的人呢？你认为你会变得多么慷慨？这些问题你可能会问世界上曾经最富有的人J·保罗·盖蒂，但是我想你可能不会欣赏他的回答。

1892年，盖蒂出生在明尼苏达州。1913年从英国牛津大学毕业后，他追随父亲进入石油行业。当他还在读书时，他就利用暑假在俄克拉何马州油田当钻机工。23岁时，他就成了百万富翁。

盖蒂继续累积自己的财富。他收购了其他石油公司、投资房地产。他购买了他父亲的石油公司三分之一的股份。20世纪40、50年代，他获得了在沙特的石油开采权，那里的大规模开采让他成为亿万富翁。1957年，《财富》杂志将盖蒂评为世界上最富有的人。他继续构建财富，尤其在石油领域。1967年，他的许多公司合并成为盖蒂石油公司，由盖蒂担任总裁，直到他1976年去世。

盖蒂不喜欢世界首富的称号。这并不是因为他谦虚，而是因为总是有人向他要钱，令他恼火。他还认为，仅仅因为他富有，他就应该签支票给别人，这是毫无道理的。他说，他认为，"被动接受金钱"使人腐败，所以他很少捐钱。

吝啬的亿万富翁

盖蒂的吝啬跟他的富有一样出名。他穿着皱皱巴巴的西服和磨得起毛的衬衫。他的家坐落在伦敦郊外,是16世纪英国贵族的领地,占地700英亩,但他却在这样的豪宅里专门为客人安了个付费电话。但有关他死活不肯撒钱的最典型的例子,莫过于有关他孙子的一件事情。

1973年,盖蒂16岁的孙子被意大利黑手党绑架。绑匪要求1700万的赎金。老盖蒂顽固地拒绝了。直到他孙子右耳的一部分被切下送到罗马的报社,盖蒂才让步。他最后同意付钱给绑匪,但是即使这样,他也不愿意付全部金额。他只同意付一部分——270万美元,说这是他能筹集的所有钱了。幸运的是,他的孙子最终活着在那不勒斯附近被找到,但他已经被绑匪关押了整整5个月!

老盖蒂去世三年后,他长久以来就疏远的孩子们和他的前妻们(他结了5次婚,也离了5次)对簿公堂争夺40亿美元的财产。最后,大部分遗产归洛杉矶盖蒂博物馆所有。

为什么今天的慷慨很重要

的确,J·保罗·盖蒂对自己的钱看得很紧。这很重要吗?难道这不是他赚到的钱,而且他有权留着吗?你不是有权留着自己赚到的钱——或者继承钱吗?你当然有权这么做。但是,关键不在于你有权这么做。你最应该怎么做呢?具讽刺意味的是,盖蒂的一个儿子,小保罗·盖蒂阐述了与他父亲完全不同的哲学。他只得到了盖蒂财产的一部分,但是他捐献了数百万美元。他说:"我有幸能继承大笔财富,我认为自己只是这些钱的看管者,为那些比我更需要钱的人谋福利。"

我们怎么看待给予呢?我们为什么应该给予呢?我相信有许多理由,以下只是其中三个:

给予让你的专注向外

没有人愿意在一个只想自己的人身边。相反，几乎每个人都愿意在给予的人身边。给他人自然而然地改变了一个人的专注，特别是给予成为习惯的情况下。实际上，**慷慨可以简单地解释为，将一个人的专注从自己转向别人**。当你忙于给予别人、帮助别人成功的时候，就会赶走自私。这不仅令世界更美好，而且让给予者更快乐。正如罗马诗人塞内卡所说："人如果光想着自己，为自己捞好处，就无法快乐。人，如果想要为自己而活，必须先为别人而活。"

给予为别人增加价值

一个人在这个世界上能做的最有意义的事情，莫过于帮助别人。衡量一个人的一生，不是看多少人为他服务或他有多少钱，而是看他服务了多少人。你给予得越多，你的人生就越伟大。

美国前总统伍德罗·威尔逊这么说："人生在世不仅是为了生活。人生在世是为了让这个世界更富足，前景更美好，家庭和成就感更高。人生在世是为了让世界更丰盛。如果忘记这一点，人就会使自己贫穷。"在攀登成功高峰的道路上，那些俯下身来帮助别人的人，站得最高。

当你为别人增加价值时，你自己并没有损失什么。

给予有助于付出者

一个乞讨者向一个妇女要钱。她翻开钱包，给了乞讨者一美元。她一边这么做，一边告诫乞讨者："我给你一美元，不是因为你值得，而是因为这使我快乐。"

"谢谢你，女士"，乞讨者答道："既然这样，你为什么不干脆给我十美元，更彻底地享受快乐呢？"

当你为别人做事情时，是否感觉很好？当别人急切需要你帮助时，你是否感到特别有成就感？卢斯·斯麦尔兹说："**如果你一天当中没有帮助那些也许永远无法回报你的人，即使你赚到钱了，你这一天也并不**

完美。"这就是悲剧来临时、许多人争相伸出援手的原因之一。当人们遭遇地震、饥荒、飓风或战争时，给予者因为感动而伸出援手，而从不期待有回报。

> 古以色列的所罗门国王说：
> 有施散的，却更增添；有吝惜过度的，反致穷乏。
> 好施舍的，必得丰裕；滋润人的，必得滋润。

当你帮助别人时，自己也收益。**点亮别人的路的同时你自然也照亮了自己的路。**

做出决定，每天计划并实践慷慨

玛格丽特和我婚后开始共同生活时，我们搬家到印第安纳州的希尔汉姆，在那里我开始第一份工作。聘用我的教会只能付给我一周80美元的工资，所以玛格丽特做了好几份兼职贴补家用。那些日子里我们财务上很困难，但是却充满了欢乐。

当时，我哥哥拉里已经在商界初尝胜果，财务上很宽裕。拉里和他的妻子安妮塔看到我们生活艰难，在那几年里，对我们非常慷慨。我们唯一的假期也是他们邀请我们度过的。我所有的好衣服都是他们送的，拉里还为我支付了我读商学位的费用。我们一直非常感激他们。

当我回顾那段日子时，我头脑里很清晰地有三个想法。第一，玛格丽特和我从来没有嫉妒过拉里和安妮塔的富裕。我们为他们高兴，从来没有贪图过他们拥有的东西。第二，我们可以看到，慷慨是他们快乐的巨大源泉，也是我们的恩典。第三，我开始意识到，慷慨的生活方式对别人有多么大的益处。那时，我做出了人生的另一个决定：只要我活着，我就要给予。玛格丽特和我意识到，一个人的伟大不在于他得到多少，而在于给予多少。真正的慷慨不在于收入多少——它源于心灵，在于服务他人，千方百计为别人增加价值。慷慨也是获得人生意义的一种方式。

如果你想慷慨，使其成为你每天生活的一部分，可以这样做：

向别人奉献你的金钱

人对待金钱的态度影响其对生活其他方面的态度。你是否发现，你的钱在哪里，你的专注就在哪里。如果你投资大笔钱在股市上，你会经常看财经期刊或者你的收益报表；如果你花大笔钱在房子上，你可能花大量时间和精力打理房子；如果你给教会或慈善机构捐献大笔钱，你就关心钱是如何使用的，这个机构是否成功。

如果你捐钱给别人，无论是直接还是通过值得信赖的慈善机构，你都会更关心别人。这会有助于培养你更加慷慨的精神。你必须"用力泵水泵"，捐赠才会流出来。如果你等到自己想给予的时候再给予，你可能要永远等下去。你先捐钱，就会变得慷慨。钢铁巨头安德鲁·卡耐基捐献了数百万美元，他说："只有使丰富了别人，一个人才真正富有。"

向别人奉献你自己

与你的钱相比，人们往往更看重什么？答案是你的时间和关心。想一下，哪一样需要更用力呢，签支票还是付出时间？哪一种更能体现你的承诺？那些与你最亲近的人，宁可你在身边而不要你的钱。没有什么能代替伴侣的感情。孩子最渴望父母能毫不分心地关心他们。有潜力的员工也明白，好的导师比单纯奖励金钱更珍贵。金钱只能买到东西，但好导师能买到一个更好的未来。当你把自己作为礼物送给别人时，你已经是最大限度地慷慨了。

花时间回忆那些对你的人生影响最大的人。或许你有一个老师曾经帮助你学会思考和学习；或许你有一个父亲或母亲、婶婶或叔叔，使你感到自己被爱、被接纳；或许有个教练或老板发现了你的潜力，为你描绘了一幅积极的远景，挑战和装备你达到更高水平。他们帮助你成就自己，还有什么礼物比这更好？

当你不计任何回报，只是为了看见别人的成功而帮助别人时，你会成为那种慷慨的人，人人都想跟你在一起。你的每一天将成为真正的杰作。

有些人不仅仅把给予他人视为友好善良的行为，他们更将其视为义务。医生兼传教士维尔弗雷德·T. 格林菲尔爵士说："我们对别人的奉献，实际上是为我们在这个世界的立足之地付租金。人类本身就是旅行者；世界的目的不是'拥有和抓住'，而是'给予和奉献'。没有其他目的了。"

管理慷慨

为自己而活是很容易的。实际上，这是每个人的本能。我知道我就是如此。但是我们可以选择另一条道路——慷慨。我渴望成为人们愿意靠近的人。为了达到目标，我实行这个自律来提醒自己：每天我都要为别人增加价值。为别人增加价值意味着什么？如何做到呢？可以从以下几点做起：

① 重视别人：这意味着尊重每个人。
② 明白别人重视什么：这意味着倾听和努力理解别人。
③ 使自己更有价值：这意味着为了给予而成长，因为你无法给予你不拥有的东西。
④ 做上帝看重的事情：因为上帝无条件地爱人，所以你也必须这么做。

当你尊重别人时，你就打开了通向慷慨的大门，就更容易计划并每天实践慷慨。如果你已经养成了这种思维，你就已经准备好对他人慷慨。

不要等到富足后才慷慨

我担任牧师超过 25 年，我很了解人们的给予方式和他们对待金钱的态度。我经常听到的说法之一是,"等我有钱了,我一定会慷慨一些"。这么说的人是在自欺欺人。

一个人的收入与其对给予的渴望没有任何联系。我认识的最慷慨的人有些几乎一无所有;我还认识许多人有着很多可以给予,却无心付出。统计数据也证明了这一点。密西西比州的平均工资水平是全美国第二低的,但是在慈善捐献榜上,这个州却排名第六。相反,新罕布什尔州的平均工资名列全国第六,但这个州的慈善捐献占收入比例,是全国第四十五名。

富裕和高收入并不能让人变得慷慨。小说家亨利·比切警告说,富裕和高收入可能让人更不愿意给予。他说:"当心富裕毁掉慷慨。"现在的美国人生活在历史上最富足的时期;但是,他们并没有给予多少。今天,我们的收入中有2.5%捐给了慈善机构,这个数字比大萧条时期的数字(2.9%)还低。年薪100万以上的美国人中,80%的人的遗嘱中没有捐献给慈善事业一分钱。

人们的捐献并不是从钱包拿出来的,而是从他们的心拿出的。如果你渴望成为一个更慷慨的人,不要等到你的收入更多时。改变你的心。现在就做,无论你的收入或情况如何,你都可以成为一个给予者。

找到一个每天给予的理由

人们很容易找到不给予的理由,但是要找到给予的理由也是同样容易的。你需要寻找这些理由。在本章开头,你看到老盖蒂有许多不给的理由,但是他的一个儿子小盖蒂却与之相反。他捐献了数百万美元的财产。要像小盖蒂那样,努力寻找"给"的理由。寻找一个令人振奋的使命;找到一个迫切的需要。寻找一个能带来影响的团体。寻找你认识并相信的领导者。奉献给你尊敬并信任的组织。他们就在你身边;你只要优先对待给予就可以了。

找到每天接受你给予的人

到处都是需要你帮助的人。你无须舍近求远跨越半个地球,或寄支票到外国去帮助别人，尽管这么做也没什么不对。有许多离你很近的人们能够从你的给予中受益——你家乡的人们，你的邻居，你的家人，等等。慷慨意味着睁大眼睛，寻找帮助每个人的机会，可以是指导一个同事，给无家可归的人食物，与朋友分享你的信仰，或者与你的孩子们共度时光。民权领袖马丁·路德·金说过："**人生最永恒、最迫切的问题是：'我们正在为别人做什么？'**"你如何回答这个问题是衡量你慷慨的标准。你越慷慨，你为别人做有意义的事情的机会就越大。

对慷慨的回顾

我有很多要感恩的理由。当我回顾过去，思考慷慨，浮现在我脑海的是：

在我二十来岁时……我哥哥和许多人为我树立了慷慨的典范。
在我三十几岁时……慷慨成为我人生的优先事项。
在我四十几岁时……慷慨成为我人生的喜悦。
在我五十几岁时……慷慨开始给予我十倍的回报。

在财务那一章里，我提到，渴望更多选择并不一定是自私的。确实如此，因为你给予的，只能是你拥有的。对玛格丽特和我来说，有选择使我们摆脱束缚，更多地奉献他人。在过去三十多年里，我们努力慷慨待人。我们计划好自己的生活，以便可以继续慷慨。我们为自己做的事情会随着我们消亡而消亡，但是我们为别人和这个世界做的事情会留下来，成为永恒。

逝去但永留人心

2002年1月，新闻频道播放了一个领导人死于肺癌的故事。他既不是政治家，也不是明星，但他死后，各大电视台的早晨新闻用像政治家和好莱坞明星般的胶片回顾了他的一生。之后不久，参议院一致通过为其默哀。这个人是谁？做出了什么成就？他就是自称汉堡大厨的戴夫·托马斯。

温迪斯快餐连锁店的创始人戴夫·托马斯，在20世纪90年代家喻户晓。1997年的调查显示，92%的成年消费者认识托马斯。要知道，美国总统可能也没有这么高的知名度呢！托马斯不是油嘴滑舌的销售员。他的人跟他的外表一样普通，但是他制作了800多部广告片来推销温迪斯连锁店。但是如果开办一个成功企业并成为媒体名人是他唯一的成就，就不会有这么多人怀念他了。托马斯与其他成功商人的不同之处，就在于他的慷慨。

饭店曾经是他的生命

戴夫·托马斯出生于1932年。他母亲是未婚妈妈，出生6周后就被收养；5岁时，养母去世，随后的11年中，戴夫随着养父找工作四处搬家。这个男孩最高兴的时刻就是与他严厉的养父一起外出用餐。托马斯说，"吃饭的时候，爸爸完全属于我；我也喜欢看到所有家庭成员坐在一起，享受饭菜。"托马斯开始研究饭馆，揣摩服务和菜单。据说九岁时，他就已经具备相当的专业知识，了解顾客们想要什么。

托马斯12岁起开始工作。他的第一份饭馆工作是在一个家庭饭馆。3年后，这家人搬走，他来到另一家饭店工作。在那里，店主菲里·克劳斯教会了他一切商业技巧。之后，托马斯明白自己想干什么了。他想从事饭店业。

托马斯18岁参军，上厨师和面点师学校，成为一家军官俱乐部最年轻的士兵之一。当他结束军旅生活后，又回去和菲里·克劳斯一起工作。1964年，克劳斯给了戴夫一个机会，让他重整自己四家濒临倒闭的肯德基炸鸡店。托马斯挺身而出，把这些店做得很成功。之后克劳斯卖掉这些店时，戴夫成了百万富翁。

1969年，托马斯实现了开一家自己的饭馆的梦想。他喜爱乳酪汉堡，所以，在俄亥俄州哥伦布市区，他以他的一个女儿的名字命名，开设了第一家温迪斯老式汉堡餐馆。不久之后，他在哥伦布市就开了四家连锁店。随后，他比任何人都更灵活地将汽车驶入窗口引入快餐业，他的饭店确实红火了，他也越来越成功。他开设更多的店面，不断尝试新创意，迅速加快扩张。到公司诞生100个月时，他已经开了1000多家分店。今天，这个数字变成了6000多家。

真正重要的事情

　　当托马斯经营公司时，他提到自己曾经被收养过。起初，他还羞于谈论这个话题，但是当他意识到这有助于鼓励员工时，他就大胆了一些。他想让每个人都成功。他经常说："分享你的成功并帮助别人成功。给予每个人一张饼。如果这张饼不够大，就做张更大的。"这就是他价值观的一部分。他相信一定要回馈。在他的第二本书《干得好！》里，他解释说：

> 如果你没有像掏出钱包那样奉献你自己，你的内心深处是否真正慷慨呢？我们应该努力工作，让慷慨美德成为美国第一流行的东西——奉献财富，奉献自己。永不停止，永不结束。

　　1990年，乔治·布什总统邀请托马斯以一个巨大的方式回馈社会。布什总统邀请托马斯领导白宫收养计划，提高人们对收养事业的意识。托马斯不仅这么做了，还努力减少官僚程序和收养成本。更重要的是，这成为一个催化剂，促使他将自己生命最后12年献给了收养事业。

　　1992年，托马斯成立了戴夫·托马斯收养基金会。该组织努力促进收养，让父母们更容易收养孩子。该组织还与其他收养机构合作，将超过12.5万寄养儿童转入长期收养家庭。当被问到成立这个基金会的宗旨时，托马斯简单地说："我只知道，每个人都应该拥有一个家和爱。"

对托马斯来说，这只是一个开始。他继续为那些等待被收养的儿童努力。他向收养事业捐献了自己第一本书《戴夫的路》的版税。他在温迪斯公司开启了一个项目，宣传收养的好处，还呼吁全国所有其他企业也这么做。他在国会为收养做证，要求立法机构为收养免税。他甚至与美国邮政合作，创作并推广一套收养邮票。

托马斯热爱为儿童、特别是那些需要被收养的儿童做事情。但他做的还远远不止这些。他在杜克大学成立了托马斯中心；他资助了佛罗里达州儿童之家社团；他为各种公共服务广告做宣传，宣传收养事业、教育普及项目等；他资助了哥伦布市的儿童医院、癌症医院、儿童癌症研究中心等等。

与托马斯最亲近的人们怀念他。温迪斯国际公司的主席兼总裁杰克·斯库勒在托马斯死后评价道："他是我们公司的灵魂与核心。他有着做出好味道汉堡的激情。他毕生致力于为顾客提供美味，帮助那些不幸的人。"

虽然托马斯取得了成功和声望，但他从来没有忘本。他从来都不想当"大亨"。他说："每个人都只能活很短时间。人们记住你的不是你挣了多少钱或做成多少买卖。人们只记得你是不是个好人。"托马斯付出了他的时间、才干和资源来帮助他人。他的这些努力，而不是温迪斯连锁店，才是他人生如此有意义的原因所在。

应用与练习：计划每天实践慷慨

你今天的慷慨决定

关于你的慷慨，你处于什么状况？自问以下三个问题：
1. 我是否已经做出决定，每天计划并实践慷慨？
2. 如果是，我何时做出这一决定的？
3. 我具体决定了什么？（写在下面）

_____
_____
_____
_____

你每天的慷慨自律

　　根据你做出的慷慨决定，为了成功，今天和每一天，你约束自己做的其中一件事情是什么？（写在下面）

_____
_____
_____
_____

补救昨天

　　如果你需要帮助，做出慷慨的承诺，并每天把它活出来，做以下的练习：

　　1. 既然给予从心灵开始，这就是你首先需要探询的地方，看看你是不是个给予者。你认为别人的价值如何？他们是否重要？你是否相信每个人都值得你尊重和考虑？还是你只看重那些你尊敬的人或可以帮助你的人？诚实地审视你自己。（如果你足够勇敢，可以让其他人来评价你。）除非你尊重别人，你才会重视慷慨。

2. 为了更慷慨，从与你最亲近的人开始。首先，你需要知道对他们来说什么最重要。思考一下，写下每个人看重的东西。把你的配偶、子女、父母、密友、同事、雇员等包括在这份清单中。如果你很难决定他们喜欢什么，花时间跟他们交谈，多多了解他们，再完成你的清单。

一旦你完成了这份清单，就要想办法运用你的时间、才干和资源，为他们增加价值。

3. 你现在有多么慷慨？你的金钱和时间有多少给予了对你没有任何回报的他人和机构？看看你的财务记录和日程表。你捐了多少钱给慈善机构？只有很少？在财务那一章里，我建议你捐出至少10%的收入。如果没有那么多，就努力开始重新做预算，争取几年后达到这一目标。如果你已经拥有了财务资源并已经捐献了10%，就努力增加你的捐献。

不要只是写支票。如果你没有花时间帮助那些无法回报你的人，你就没有尽你所能地慷慨。亲自参加活动，做某个慈善组织的志愿者，或指导某个员工。只要你心存信念，无论你在何地如何助人都不重要。

4. 如果你感觉自己没有什么能给予的，就专注于个人成长，努力使自己更有价值。办法之一就是吸取戴夫·托马斯的建议，"做个更大的饼"。如果你赚得更多，你就会有更多可以奉献的东西。好导师能够增加别人的价值，因为他们有很多可以给予的东西（我会在第十四章告诉你如何做到这一点）。

展望明天

花时间反思你关于慷慨的决定和每天的自律，将如何对你的未来产生积极影响。有哪些倍增效应？（写在下面）

_____
_____
_____
_____

用你所写的不断提醒自己，因为今天的回顾能激励你每天自律，每天自律能将你昨日的决定最大化。

第十三章

今天的价值观给予我方向

当我准备写这一章时,两件惹人注目的事情发生了。科隆公司前总裁山姆·沃克索承认股票欺诈、银行欺诈、串谋妨碍司法和做假证,被判七年徒刑和430万美元罚款和偷漏税款。本案的法官威廉姆·H. 勃利告诉沃克索:"你造成的损害确实无法估量。"另一件令人注目的事情是马莎·司徒亚特——马莎司徒亚特生活传媒公司的创始人及沃克索的好友,也被起诉股票欺诈、妨碍司法、串谋做假证。

自从新千年开始以来,除非你把头埋入沙中,你简直会为听到这些事情感到恶心。安然公司承认,几年里,其收入数据虚报了5亿8千6百万美元,并申请11项破产。司法部门仍然在努力调查,有多少经理知道这个公司的现状并抛出了10亿美元的股票。世界通讯公司承认虚报了71亿美元的利润,导致17000名工人失业,该公司股价下跌75%。天主教也爆发一些教士不良行为的丑闻。这种事情还在没完没了。

这些故事都有一个什么共同点?价值观!每个故事都反映了,当人们没能信守和实践良好的价值观而失去方向时、所造成的巨大损害。纽约南部地区律师詹姆斯·B. 卡姆维说,针对马莎·司徒亚特的指控,对她的公司和600个员工来说是个悲剧。"如果这两个人只做父母教孩子们做的事情,这个悲剧本来是可以避免的"。他说,"如果你正处在热锅上,撒谎不是脱身之道。撒谎会带来严重的不良后果。"

为什么价值观帮助你赢在今天

归根结底,一个人的核心价值观不仅是他或她使其成为个人品性的一部分的原则,而且这些价值观对成功来说至关重要。因为它们的作用是:

锚

在人生不可避免的艰难时刻,如果没有价值观,你将如何做出正确决定呢?你将如何找到方向呢?没有价值观的人,在人生的海洋里,只会随波逐流。当风浪袭来时,他们将无处栖身;任何风浪都会将他们打翻。但是,一旦有了坚强的价值观,哪怕天气再恶劣,你也能安稳无忧。

一个忠诚的朋友

你的核心价值观是铭刻在心的信念,能够真正描绘你的灵魂,所以它们会伴随你的一生。这确实非常令人安心。美国前总统亚伯拉罕·林肯说过:"当我放下这届政府的重担时,我想要留下一个朋友,这个朋友就在我的内心。"

你的北极星

就像你的境遇一样,你的生活方式也在不断变化。你会获得新技术、新自律和新习惯,做法总是根据情况在变化。另一方面,价值观却不变。它们总是值得你依靠,引导你。我曾经听到这个俗语:

> 方法有很多,价值观却很少。
> 方法总是变化,价值观从来不变。

第十三章　今天的价值观给予我方向

一旦你彻底地审视并明确自己的价值观，你就能够靠价值观为你的人生领航。随着你年龄和智慧增长，你可能要增加价值观，但是如果某样东西成为你的核心价值观，它就会伴随终身。

多年来，我给领导者讲授许多价值观的课程，因为价值观对任何成功都是至关重要的。在准备写这本书时，我花时间重新审视了自己的价值观。现在我五十多岁了，我认为我已经完成了自己的价值观清单，这些价值观将伴随我走到生命终点。我用这份清单做这本书的大纲：

> 我珍视我的态度，因为它赋予我可能性。
> 我珍视我的优先次序，因为它赐予我专注。
> 我珍视我的健康，因为它赐予我力量。
> 我珍视我的家人，因为它赐予我稳定。
> 我珍视我的思想，因为它赐予我优势。
> 我珍视我的承诺，因为它赐予我坚韧。
> 我珍视我的财务，因为它们赐予我选择。
> 我珍视我的信仰，因为它赐予我安宁。
> 我珍视我的人际关系，因为它们赐予我满足。
> 我珍视我的慷慨，因为它赐予我意义。
> 我珍视我的价值观，因为它们赐予我方向。
> 我珍视我的成长，因为它赐予我潜力。

有了这 12 条价值观的指引，我希望能在三个方面完成我的人生目标：

1. **家庭**：过一种可信的生活，以便家人能接受我的价值观。
2. **工作**：在最短的时间里影响尽可能多的人。
3. **自己**：带着自己已经侍奉了上帝、别人和家人的满足感而死去。

如果你希望自己的生活方式更积极，如果你想影响自己的人生方向，如果你想让自己的人生展现你喜欢的品质，如果你想要有诚信地生活，你就需要知道自己的价值观，决定每天信奉并实践它们。

做出决定，每天都信奉并实践良好的价值观

我在一个教导并按照良好价值观生活的家庭里长大，但直到1970年我23岁时，我才有意识地决定信奉并按照良好的价值观生活。那一年，我读了J. 奥斯沃德·桑德斯德的著作《精神领导力》。这本书改变了我的一生。在那之前，我以为要靠取悦别人和收集民意才能领导他人。我按照大多数人接受的方式来带领别人，90%的时候这种方法还成。但是当需要做出真正的领导力决定时，当我确实需要做一些不受人欢迎的事情时，我就动摇了。桑德斯的著作令我意识到，我并没有按照自己的价值观来带领，这本书给了我勇气去做那些正确、但不一定受欢迎的事情。我下决心：我将按照我信奉的价值观带领别人。

我仍然保存着这本《精神领导力》，因为它点醒了我。这本书激励着我……

1. **成为上帝的人**：无论工作将我引向何处，我决定在上帝意志的中心。
2. **将自己的潜力发挥到最佳程度**：我永远不允许自己懒惰、冷淡，或者缺乏责任心。
3. **成为真正的精神领袖**：耶稣是我的典范，《圣经》赐予我方向。太多人只是古板领导者，他们的整个视角被周围环境禁锢。靠着上帝的帮助，我不会落入另外一个人的模子里，也不会教授那些我不信仰的东西。

34年来，我不断地自问："我是否在按照自己信奉的价值观带领别人？"我以价值观为基础的领导方式时不时使我与他人疏远，但从来没有疏远过自己。

喜剧演员弗雷德·艾伦说："你只能活一次。但是如果你活得对，

一次就足够了。"人如何能活得对呢？通过明白自己的价值观，并每天按照价值观生活。这么做，在你人生的终点，你就不会有遗憾。以下是帮助你开始的几个建议：

列出一份良好价值观的清单

开始写下你关于价值观的所有想法。列出每个你能想到的、赞赏的品质。当你想到生活的某个方面，努力抓住对你来说最重要的东西。最后，你的价值观不应该由你的职业或环境等外在因素决定。

当你认为你已经想到了所有可能的主意，将这张表放在一边待一会，但是仍然在脑海里继续思考。当脑海里有了新想法时，再列到表上。你可能也想阅读些东西激发自己的思想，看看自己漏掉了什么。

几周后，开始将表上的这些想法综合起来。例如，"诚实"与"诚信"实际上就重叠了，"承诺"与"努力工作"也是这样。所以，选择其中一个，或者选择另一个能更好描述这两个意思的词，然后压缩它。你可能无法活出 20 或 50 个价值观，所以你需要删除其中一些。哪些价值观是建立在真理以及你最高理想之上的？清单上的哪些词真正代表了你的核心？哪些词将持久？你愿意为哪些价值观而生？或死？去掉那些肤浅或者暂时的东西。如果你结婚了，让你的配偶参与这一过程。你们的价值观可能不会完全相同，但是应该有很多相同之处。如果你的价值观中有一条与你的配偶相左，你就要注意了。你们需要谈论这些价值观，找出你真正的立场，否则会给你的婚姻带来矛盾。

信奉那些良好的价值观

多年前，我的朋友吉姆·多布森在西雅图太平洋大学做开学发言。他提到许多人在 40 至 50 岁之间经历的中年危机。他说："我相信，这是错误价值观体系的一个现象，而非某个年龄组所遭遇的事情。突然之间你意识到，你所依靠和攀登的梯子靠在一面错误的墙上。"澄清并信奉正确的价值观，可以帮助你避免这种情况发生在你身上。

做出决定，每天实践这些价值观

当你决定改变价值体系时，真正的人生变革开始了，因为价值体系是你所做的每件事情的基础。我的朋友帕特·威廉姆斯，NBA 奥兰多魔术队的高级副总裁，曾经告诉我，当罗伊·迪斯尼被问到迪斯尼成功的秘密时，他总是说，迪斯尼公司靠价值观管理，这令良好的决定变得轻松。这个道理对个人也适用。

爱因斯坦建议说："**不要成为成功的人；而要成为有价值观的人。**"他为什么这么说？因为他知道，拥有价值观可以让人专注于重要的事情，这会提高生活品质，诚信的生活；如果你专注于价值观，成功自然会到来。

管理价值观

根据价值观来管理生活并不容易。为什么？因为你的价值观每天都会受到那些不信奉它们的人的考验。当你表现积极态度时，消极的人可能会贬低你，没有家庭的人可能无法理解你对家庭的奉献，不求上进的人不会理解你对成长的热忱，优先次序与你不同的人，会努力说服你追随他们或者做出不明智的折中。

我在这场战斗中遵循的自律很简单：每天回顾和反省自己的价值观。为了帮助自己这么做，我在自己每天随身携带的记事本中列出了自己每天必做的"健身操"。每当我打开这个记事本，我都看见那 12 条价值观。每天结束时，我会花一分钟回顾和反省这个"每日健身操"中的每一条。这样，我就能够留在正确轨道上，不让自己偏离价值观。

为了更好地每天信奉并实践你的价值观，请遵守以下指导方针：

每天清晰地说出并信奉你的价值观

你如何管理像价值观这样抽象的东西？你可以把价值观转换成具体

的形式。一旦你列出了价值观清单，为每一条写出一句话，解释如何将其应用于自己的人生，以及将会带来怎样的益处和方向。把这个文件放在你每天可以看到的地方。经常思考自己的价值观，帮助其"渗入脑海"。用价值观衡量你每天做出的选择。在适当的时候，谈论价值观，这不仅会在脑海中加深你的价值观，帮助你实践它们，而且提高了你的责任感。

好的商业领导明白不断讨论价值观的重要性。伦纳德奶品公司的总裁司徒·伦纳德说，他不断谈论顾客的重要性。他说，"我们的员工想象我们每个顾客在脑门上都印着5万美元。"他说，这是一道数学题：

100 美元	每个顾客每周花的钱数
×50	每年顾客光顾商店的周数
×10	这个城市居民平均居住年限
=5 万美元	每个顾客的价值

当你全心全意地信奉自己的价值观并不断说出来，你就极大地提高了自己活出其中的机会。

将你的价值观与每天的行动对比

知道与行动之间的鸿沟，比无知与知识之间的鸿沟更大。一个人如果确认并说出自己的价值观，却不实行，就像一个销售员向顾客许诺、然后无法送货一样。在商业界，这个销售员就毫无可信度。在人生中，这个人就失去了自己的人格。

1995年，一个财富500强企业的部门助理总监格立什·沙哈被指控在8年时间里挪用公款98.8万美元。在法庭上他申请不做辩护，他准备立刻偿还72.8万美元，并从亲戚那里借钱偿还余下的。

这家公司的首席执行官非常震怒。他对法官们写道：

> 我认为沙哈先生的罪行是极其过分的。他不仅从这个世界500强公司偷走了股东的钱，而且辜负了公司和上司托付给他

的责任……我要求你们让沙哈先生和那些犯下类似罪行的人深刻地明白，贵法院认为这种罪行的性质是极其严重且无法原谅的。

具有讽刺意味的是，说这话的泰科公司总裁丹尼斯·科洛斯基随后被判刑，伙同其他两位经理盗取公司6亿美元。很显然，他已经成为言行不一致的典范。科洛斯基过去向人们吹嘘自己多么节约公司的钱。他常常指出，他的办公室是多么简朴，而他在另一个地方的办公室却装修奢侈。

价值观与行动之间不一致会造成一个人生活的混乱。如果你谈论自己的价值观，却忽略实践，你会不断贬低你的人格与信誉。即使你没有意识到自己的行为或者并非有意那么做，这种情况也会发生的。

抛开感觉，活出自己的价值观

许多人在价值观和感情矛盾时陷入了麻烦。当你感觉良好，每件事情都如你所愿地进行时，坚持活出价值观并不是难事。但是，如果你的价值观决定你采取的行动，令你受伤或受损失时，就很难照着价值观做了。

如果你的价值观之一是诚实，而你在大街上发现了一袋你怀疑是偷来的钱，将钱交给警察对你来说不应该太难。但是如果你看见上司正偷走你公司的钱，而你知道，如果揭发他将会使你丢掉饭碗，你会怎么做呢？这个选择可能就更困难了，特别是如果你知道丢掉工作可能令你失去房子，财务上破产。

成功人士总是不管自己感觉如何而做正确的事情。他们不指望事事感觉良好，再去行动。他们先行动，再希望感觉能跟上。通常这并不是什么大不了的事情。艰难的决定是每天的那些小事。例如，如果健康良好是我的一个价值观，我是否会早上锻炼，即使自己不喜欢这么做？我是否会避免吃一大块巧克力蛋糕，即使我非常想吃？要想成功，就应该让价值观而非感觉来控制人的行动。肯·布兰佳和诺曼·文森特·皮尔在《道德管理的力量》一书中写道：**"好人可能会落后为最后一名，但**

通常他们在另一条道上奔跑。"依靠价值观生活就是在另一条道上奔跑。

用价值观衡量每一天

大多数人很少花时间反思，但是那些想要坚持活出价值观的人就很有必要这么做。本·富兰克林曾经在早上起来自问："我今天要做什么好事？"睡觉时，他也会自问："我今天做了什么好事？"他在以自己的一个价值观衡量自己。过去几年里，我也努力做类似的事情。每天结束时，我反思自己白天是否为别人增加价值了，因为这是我希望每天都做的事情。

对价值观的回顾

当我反思自己在1971年做出的价值观决定时，我意识到，这一决定给我的个人和职业提供了方向：

在我二十来岁时……价值观给予我勇气做正确的事情。
在我三十几岁时……价值观激励我离开舒适区，在职业上大步向前。
在我四十几岁时……价值观使我与其他领导人相处融洽。
在我五十几岁时……价值观给予我巨大的安全感。

34年来，我的价值观给我提供了建造生活的坚实基础。

总统当听众

2003年年初，我发现自己陷入了一个必须做出艰难决定的境地。近年来，我为很多商业机构和大公司举办了许多领导力讲座；经常邀请我的一个机构是一个家居装饰公司。按计划，我应该为他们的七天全国会议做一个讲座，但是就在我演讲前几天，我接到一个领导者梦寐以求的电话。白宫打电话问我，星期四是否能够参加一个总统也将出席的两小时研讨会。

这是多么好的机会啊！在乔治·布什做德州州长时我曾经见过他一次，之后他就决定竞选总统了。但是与他在白宫会面，并且有机会在研讨会上向他说出我对某个事情的看法，这确实是个殊荣。只有一个问题，这次会见时间正好与我给家居装饰公司做培训的时间冲突。我的大脑立刻超负荷运转。我是那种愿意探询各种选择来解决问题的人。我希望能想出办法，既与总统会见，又能信守我与家居装饰公司的约定。

我的助手琳达·艾格斯和我开始探询各种可能方案。我们与家居装饰公司的代表讨论其他选择。他们非常大方灵活，他们甚至为我感到兴奋。我们努力将我的演讲安排到另一天。我们也曾讨论是否能够租借私人飞机去华盛顿，然后仍然能按时回来。这些方法都不管用。唯一的办法就是我星期一录像，然后星期四播放我的讲课录像。我们最终找到了办法！

可是之后我陷入了思考。这件事对我来说当然不错，但是对家居装饰公司呢？承诺难道不是我的个人价值观之一吗？我不是曾经教导我公司的员工，告诉他们做每件事情都要承诺100%卓越吗？我让琳达给我接通家居装饰公司代表的电话。"请允许我问你一件事情，"我说，"你愿意要哪样？我本人到场还是录像？"答案当然是到场。"我会像约定的那样周四到场。"我挂上了电话，让琳达替我向白宫表达了遗憾。

这就是生活之道

一个领导者最喜欢的莫过于与其他领导者会面讨论领导力，所以错过这个会面确实令人失望。但这么做却是对的。我基于自己的价值观行事。我是否总是做得对呢？当然不是。但是我是否一直努力诚实地实践我的价值观呢？当然。这是最为重要的部分。具有讽刺意味的是，与总统的会面最后一刻被取消了。由于伊拉克局势，布什总统不得不临时会见英国首相托尼·布莱尔。如果我基于对这次机会的感觉，我做了相反的决定，我会多么失望啊！我将会辜负家居装饰公司的员工们，给自己的价值观和诚信打折，依然没能与总统会面。

选择每天接受并实践良好的价值观，你就选择了人生更高的境界。你会走在一个你总是感觉良好的人生方向上。你可能并不总会得到你想要的，但是你总会成为你想成为的人。

应用与练习：每天信奉并实践良好的价值观

你今天的价值观决定
关于你的价值观，你今天处于什么状况？自问以下三个问题：
1. 我是否已经做出决定，每天信奉并实践良好的价值观？
2. 如果是，我何时做出这一决定的？
3. 我具体决定了什么？（写在下面）

_____
_____
_____

每天的价值观自律
根据你做出的价值观决定，为了成功，今天和每一天，你约束自己做的其中一件事情是什么？（写在下面）

_____
_____
_____

补救昨天
如果你需要做出正确的价值观决定，并每天自律活出它，请做以下练习：

1. 到现在为止，你信奉哪些价值观？解答这个问题的最好方法，就是从几个关键方面审视自己：
   - 你如何运用自己的时间，特别是空余时间？

- 你如何运用自己的金钱，特别是剩余的钱？
- 你的英雄偶像是谁？
- 你想得最多的是什么，特别是当你独自一人的时候？

对这些问题的回答，将说明你真正看重什么。

2. 在价值观领域，谁给你的影响最大？努力回忆尽可能多的人，并把他们的名字写下来；然后写出他们鼓励你养成的价值观或品质（注意：有些价值观可能并不积极）。

_____
_____
_____
_____

3. 确认从今以后，你想要模仿的典范，用一句话写下策略，描述你如何与他们交往。（见面谈论价值观，阅读他们的著作，研究他们的生平，等等。）

_____
_____
_____
_____

4. 运用前面章节中所说的过程，脑力激荡价值观，并从中挑选你想要活出的价值观。

5. 当感情与你的价值观冲突时，你如何处理？你是否感到困难或压力？大多数人需要在这一方面找到策略来帮助自己。试试这些办法：

- 确认你最经常挣扎的方面，将来努力避免将自己陷入那种境地。
- 脑力激荡，看看坚持价值观的好处，以及在某个脆弱的领域打折价值观的代价。在卡片或记事本上写出好处和坏处，时常提醒自己自律的好处以及折中的后果。
- 在你脆弱的方面，让自己向某个人负起责任来。

6. 如果你没有策略性地安排时间和地点来每天反思你的行为，把它与价值观相比较，你可能就无法妥善照进。计划一个这么做的时间和地点。

展望明天

花时间回顾你的价值观决定，和每天的自律对你的未来带来如何积极影响。有哪些倍增效应？（写在下面）

_____
_____
_____
_____

用你所写的不断提醒自己，因为今天的回顾能激励你每天自律，每天自律能将你昨日的决定最大化。

第十四章

今天的成长给予我潜力

当我开始撰写一本书时,我首先会坐下来与我的撰稿人查理·维特兹和研究员凯迪·维特一起集思广益,想想我们可以将哪些故事纳进书里,用来阐述我想要讲授的观点与原则。这是个刺激思维的过程。我们抛出各种名字和故事,而最佳故事获选。通常,在第一次会议上,我们就能想出一半以上的故事和素材。然后凯迪就去做调研。随着我不断写作,我们不断添加新故事,弥补其中的"漏洞"。

多年来,我们发现,有时候,某个人没能实践某个原则的例子,比正面事例更能阐述一个道理。你或许注意到,在本书中,每章开头都举了一个负面例子,说明某个人忽略了"每日健身操"中的一项。有趣的是,当我们努力想为本章找到一个有代表性的负面例子,却找不到合适的。

我们想举一个例子,说某人有着美妙的潜力,由于从来不致力于成长,没有发挥潜力,活出一个有满足感的人生。我们没能在现实生活中找到这样一个人的原因之一就是,你很少能听说这种人。那些甘于平庸的人不会出人头地,他们的故事无从说起。

在你的个人经历中,你可能认识一些你认为没有发挥潜力的人。或许有些与你一起成长的人,你以为他们会成就一番事业,结果却没什么出息。你甚至惊奇地发现,自己在个人或职业方面超越了他们。或许你对自己有点遗憾。或许你中途放弃了钢琴课，而现在你后悔，自己当时坚持下去就好了。或许你中途辍学，没有坚持一项艰难的工作，而你现在意识到，如果当时坚持下去，会令你受益匪浅，事业上大有裨益。当某人错过了成长和进步的机会，他可能会感到遗憾。如果一个人太长时间没有成长，他会开始感到自己的人生很没用。这无异于早死。

对于成长的误解

几乎所有人都想成为自己能成为的那种人，但我认为许多人并不能如愿以偿。原因在于，他们对成长有以下误解：

他们以为成长是自然而然的

我们幼年时，身体是自然成长的。在此期间，有些成年人，如我们的父母和老师，会激励我们每天在思想上成长，所以我们习惯成长。当我们生理上停止成长、迈出校门的时候，问题出现了。我们以为身体会继续像20岁之前那样自己成长，头脑也是如此，即使不再有人推动我们成长。

事实上，如果我们不为自己的成长负责，成长就不会自然发生。成长不是自动发生的。个人成长恰恰与银行账户的复利相反。如果有人在你出生那天存了一笔钱，使钱增长的方式是不要动它。但是对你的潜力来说，你必须深入挖掘，促使其成长。

他们以为成长源于信息

成长的最大障碍不是无知，而是对知识的错觉。很多人储存了一大堆数据却不会用，无法令本人或别人收益。这类人犹如百科全书——装满了各种信息，但是不使用，所以毫无用处。**生活的变化是衡量信息是否起作用的恰当标准。**

他们以为成长源于经验

当射手没射中目标时,他会转过身来寻找自己的错误。没能击中靶心,从来就不是靶子的错误。要提高你的命中率,就应该提高自己。如果一个人以为成长只是源于经验的结果,就犹如一个射手不断射偏靶子,却还以为自己在成长一样,因为他总是射偏一个地方。只有人反思经验,从失败和成功中吸取教训,经验才有用。

为什么成长帮助你赢在今天

普利策新闻奖得主杰安·卡罗·摩诺特说:"如果上帝赐予我们清楚的视野,让我们看清我们本来能成就的一切,而我们却浪费了所有才华,没做那些本来能做到的事情,地狱之门就打开了。"没人愿意回顾过去,看到机会与时间都被浪费了。所以说,在太多时间流逝之前,认识到成长的价值,是很重要的。

请允许我告诉你,成长能帮助你赢在今天的四个具体理由:

没有成长的天分只会导向失效

传教士兼医生阿尔伯特·施韦泽说:"成功的秘密在于像从来不会筋疲力尽的人那样度过一生。"你如何能够确保在生命终结前不筋疲力尽?和你对待自己才华的方式一样。如果你使用自己才华的同时,从不增长它,令让它更锋利,你就会陷入困境,因为没有任何人是那么有才华的。但是如果你重视厂长,施展你拿过现有的才华并增长它,这不仅会提高你今天的成效,还长进你的才华,让你明天更有成效。

成长防止个人和职业的停滞

你是否感到自己陷入了人生某个层面、止步不前?你想要事业更进一步,却停滞不前。你渴望改善与配偶的关系,却似乎无法开辟新局面。或者你的健康碰到天花板，无论如何努力都无济于事？你如何克服这些停滞的局面？许多人寻求外在变化，他们换工作，换配偶，或者放弃体育运动。

更好的解决办法是寻求内在变化。外在变化一般只会暂时缓解症状。如果你换工作，新鲜感和新挑战可能会令你兴奋一阵子，但是当这一切消退——几周、几个月或几年后——你会面临同样的老问题。婚姻通常也如此。如果你放弃锻炼身体，你的健康只会更差。

但是，如果你将个人成长作为自己的目标，专注于内在改变，你就能更有准备地面对职业挑战。你会找到新方法与配偶交流；你会找到新方法改善饮食或使你的运动达到最佳效果。你获得打破僵局的潜能，改善自己的处境，却不需要付出换工作、婚姻破碎或健康受损的代价。

你的个人成长影响着你公司的成长

你的公司、部门或机构的瓶颈是什么？什么正在限制它的潜力？你或许面临技术、财务、现金流、人力或市场的挑战。它们或许是合理的障碍，但是无论你做什么或你在哪里，你最大的挑战就是你自己！

多年来，我一直向那些渴望提高自己机构的人教授领导力课程。我发现，许多领导者都在寻求创造增长的快捷良药。在这种情况下，我教的一样东西就是，如果你想要让自己的公司发展，你就必须发展领导者。商业哲学家兼作家吉姆·罗恩说："为了做得更多，我必须成为更好的人。"如果你在成长，你的机构就有机会成长。如果你没有成长，你将会成为公司发展的瓶颈。

只有不断成长才能发挥潜力

中亚的鞑靼部落对敌人用一种咒语。他们的咒语并不乞求敌人的剑生锈，或者让敌人死于疾病。相反，他们说："愿你永远呆在原地。"如果你不努力每天成长，你的下场也将如此。你会被困在同一个地方，做同样的事情，将来的岁月里期待同样的希望，但是永远不会取得新领地或赢得新成功。

做出决定，每天追求并经历成长

1974年发生了一件将改变我一生的重要事件。在俄亥俄州的兰喀斯特，遇到了成功激励公司的赫特·开普米尔。当我们共进早餐时，赫特问我一个问题："约翰，你有什么个人成长计划？"

我从来都是滔滔不绝，但在那个时刻，我努力寻找我生活中可能称得上成长的东西。我告诉他，我整整一周忙于什么活动。我谈到自己如何努力工作，我的公司有着什么进展。我差不多说了有十分钟，直到最后没词了。赫特耐心听着，最后笑了，说："你应该没有个人成长计划，是吧？"

"是的，没有。"我最后承认了。

"你知道"，赫特简要地说："成长并不是一个自然而然的过程。"

这句话当时令我醍醐灌顶。的确，我没有任何有意识的、使自己成长的策略。那一刻，我做出决定：我将制定并遵循自己的个人成长计划。

那天晚上，我回家告诉了玛格丽特我与赫特之间的谈话，以及我那天的收获。我给她看了赫特正在卖的手册和磁带。我知道这些教材将帮助我们成长：费用是745美元。当时这对我们来说很贵。我们付不起这笔钱——但是如果不买下来，我们更无法承受其后果。直到那一刻，我一直相信自己的潜能，但从来没有想过努力增长和发挥它。我们意识到赫特不仅仅是做一笔生意，他给我们提供了一个改变生活、达成梦想的途径。

那天晚上发生了几件重要的事情。首先，我们计算如何挤出钱来买那些教材。我们将不得不缩紧已经很紧张的开支，在接下来的六个月里节衣缩食。但更重要的是，玛格丽特和我承诺一起成长。从那时起，我们为了成长一起学习，一起旅行，一起夫妇一起做出牺牲。这是个明智的决定。太多夫妇分开成长，而我们却一起成长。

如果你已经决定追求成长并每天经历成长，做以下几件事：

自问：我有什么潜力？

我读过一个故事，说的是一个医生碰到一个没有手的高中生。当医生问到这个少年的残疾时，少年答道："医生，我没有残疾。我只是没有右手而已。"之后，医生了解到，这位少年是所在高中足球队的最佳得分手之一。

最大的残疾就是不了解自己的潜力。你有什么梦想正等待实现？你有什么才干和天赋正渴求被挖掘和发展？你的远景和当前现实之间的鸿沟，只有通过最大限度地发挥潜力的承诺来填补。

承诺改变

要挖掘自身潜力，你需要愿意改变。没有变化，就没有成长。大多数人的问题就在于他们既想维持现状，同时又想事情更好。这是不可能的。如果你真正想要成长，你不仅要承诺于接受改变，还要追求改变。

设定成长目标

当我第一次开始用开普米尔的教材追求个人成长时，我制定了一个基本而不具体的成长计划。那时这就够了；当时我才二十五六岁。但是随着我年纪变大，经历更多，事业走得更远，我开始专注于几个关键方面的成长。其中之一就是沟通。这对我来说很有意义，不仅因为我每周要做四五次讲座，而且因为我在这方面有自然的才能。另一方面就是领导力——我生活的每一天都需要领导力，才能在事业成功。

当你做成长计划时，有重点将令你获益匪浅。现代管理学创始人彼得·德鲁克说："秘密不在于人没把事情做好，而在于他们偶尔做好一些事情。缺乏能力是普遍现象。强项总是在于具体方面。从来没有人说过，伟大的小提琴家海菲兹可能吹不好小号。"在优先次序那一章里，我鼓励你专注于三个主要方面：要求、回报和奖赏。你应该把同样的评估方法用于个人成长方面。专注于在自己最大优势而非劣势的领域发展；在能为你的个人和职业增值的领域发展。

《成就之路》一书的作者厄耐·格里斯曼说，大多数象棋大师反复研究棋招、开局棋法和组合15年左右，才赢得他们的第一个世界奖项。这是大多数人生命的五分之一。如果你想要花如此长的时间研究某样事情，你最好学会喜欢它。如果你很喜欢目的地，但是你并不喜欢过程，你需要重新审视你的优先次序，确保自己做出正确的决定。

将自己置于成长的环境中

我经常想，如果1974年我见完赫特·开普米尔，回家跟玛格丽特说的时候，她说不想跟我一起成长，745美元的教程太贵了，结果会怎样。我这么想是因为在个人成长旅程中，她的陪伴和参与起了非常大的作用。我们共同成长，创造了成长的环境，扩大了自己的视野，打造了我们当初结婚时想象不到的生活。这一环境伴随着我们抚养孩子们。女儿和儿子当时正在长大，他们的心理、情绪和精神成长是我们的最优先事项。

有人告诉过我，有些鱼类会根据其环境的大小生长。将它们放在小水缸里，它们就会长得很小。将它们放入巨大的自然水域，它们就会长成本身将要的尺寸。人也是这样。如果他们生活在严酷、充满限制的环境中，他们就不会变大。但如果把他们放进鼓励成长的地方，他们就会扩展，发挥自己的潜力。

管理成长

当我学完赫特·开普米尔的教材时，我成长的胃口变大了。我决心实践这个成长自律：我每天将按照计划有目的地成长。玛格丽特和我继续一起做大部分的成长工作，但是我们也开始根据各自的优势和需要，制定自己的成长计划。学习成果之一就是，你知道自己仍然需要走多远。我们学得越多，就渴求越多的成长。当你准备信奉成长自律时，我鼓励你做到以下几点：

把每天在某方面的成长作为你的目标

1972 年，高中游泳运动员约翰·耐波观看了电视上的奥运会并受到激励。他游泳已经很出色了，但是他开始考虑成为奥运会水准的运动员。他计算自己要在 4 年里把游泳速度提高四秒。对你和我来说，这可能不太难，因为我们的水平很低。

但是对耐波这样已经训练有素的人来说，这几乎不可能。精英选手通常只能提高十分之几秒。想到这一事实，他突然想到如何达成目标。如果他今后 4 年计划每年训练 10 个月，他需要每个月提高十分之一秒。这仍然是一个巨大挑战，但是他相信自己能够做到，为 1976 年的奥运会做好准备。

耐波有个正确的想法。这个方法也奏效了。他拿回家五枚奖牌，其中四枚金牌。如果你和我想要成功取得成长，我们必须采取类似的思维。如果我们渴望每天提高一点，长时间下来我们就可以取得巨大成长。

花时间规划自己的成长

作家兼演讲家厄尔·南丁格尔曾经说过一句我最喜欢的个人成长箴言。二十多年前我看过这句话，它对我的人生产生了深远影响。南丁格尔说："如果一个人每天花 1 小时研究同一个题目，坚持 5 年，他将成为这个方面的专家。"它改变了我对自己成长的规划。我开始每天花 1 小时，每周 5 天，来研究领导力。这一习惯改变了我的一生。

如果你想有意、策略性地、有效地成长，你需要仔细思考并规划。为了开拓你的思路，我将列举我是如何规划自己的成长的：

我每个星期都听录音教程。首先，我总是寻找好的磁带或 CD 教材。每周我都听 7 个磁带教程。通常，这 7 个课程里，四个普通，两个还不错，只有一个可能会非常不错。（如果某个录音课程太糟糕，我五分钟之内就按停止键。）每盘磁带，我都要确定哪些是我可以拿来思考、运用的。对于那些非常不错的课程，我会安排专人把它听写下来，以便我可以阅读、做笔记，提取其中所有的金子。

我每个月读两本书。如果你走进我的办公室，就会发现我书桌旁的工作台上有两大堆书。这些书都是等着我读的。这些书被分成两组，我每个月在每一组中挑选一本来读。第一组是我期待带给我重大影响的优秀书籍。我花大量时间读这类书，消化其中的思想，做笔记，归纳思路，思考如何将书中的原则应用于我的生活。（我还将自己的读书心得归档——稍后再介绍）第二组书是一些我打算泛读的普通书籍。这些书可能只包括一些我想要快速浏览的概念，但必细读。

我每个月都安排一次见面。我最期待的事情之一就是倾听和向别人学习。每个月，我都与某个有助于我成长的人见面。在会面之前，我准备好与这个人取得成功的领域相关的问题，这一领域也是我需要成长的地方。我还做其他任何我认为必要的家庭作业，例如读这个人写的著作。会面成功的关键在于我所准备的问题。我在第二章中提到的我与约翰·伍德的谈话，就是这类约会的结果。这是我的充电时刻。每当我与伟大人物在一起，我都期待从他们那里学到伟大的东西。

当你规划自己的成长策略，并为此安排时间时，不要忘记，你的成长越大，你的成长就应该越具体地针对你的需要与优势。每当你发现一本书、CD 或讲座没有你希望的价值，向前走。不要在任何没有价值的东西上浪费时间。

归档你的心得

我不得不承认：我有归档强迫症。每当我发现某个我认为对我将来有价值的东西——无论是学习、教学还是写作方面——我都把它归档。当我听到一个很好的录音带或 CD 时，我就把它听写下来，从中收集真知灼见。如果确实精彩，我甚至可能整份稿子归档。读书时，我把每句要领会的话做标记，分门别类地归档。如果你看一下我读过的每本好书的封面，你就会看到上面有一排页码和题目。我读完一本书时，就把它给秘书，秘书把其中的材料复印并归档。我这么做已经 40 年了！

我想鼓励你把在学习中发现的名言、故事和思想归档。这个习惯不仅会为你将来提供丰富素材，还会令你高度专注，强迫你评估正在读的东西，帮助你绕过没用的垃圾，直奔那些激励并帮助你成长的好材料。

运用你的所学

《这是你的船》一书的作者迈克尔·阿伯拉肖夫说："**向上并不是一个容易的方向。这需要克服文化和磁力方面的重力。**"向上成长最困难的部分就是运用你所学的，但这正是真正的价值所在。任何学习的最终考验是不断应用。如果你正在学习的东西某种程度上能够帮助你和别人，就值得你努力了。

对思想的回顾

在本书每一章中，我都和读者分享了我做过的决定，我努力实践的自律，和我对自己"每日健身操"的反思。在这 12 条自律中，我得说，个人成长或许是最强的。我惊异于我的每天操练，多年来产生的倍增效用：

在我二十来岁时……成长成为我终生学习的基础。
在我三十几岁时……成长开始令我在同辈中脱颖而出。
在我四十几岁时……成长成为我写作和演讲的源泉。
在我五十几岁时……成长把我带到我从未想象过的高峰。

最大的奇迹是，我们明天不一定要和今天一样。最伟大的见解是：今天不做什么，明天就不能成为什么。所以说，必须要赢在今天。

通向潜力的看似不可能道路

2002年3月,理查德·卡莫纳接到一个电话,问他是否愿意接受任命,成为美国的首席医生。他有什么反应呢?"我一屁股坐在地上",卡莫纳说,"我以为他们说的是另一个理查德·卡莫纳!"为什么这个问题使一个受人尊敬的外科医生、兼在一所大学教外科、公共卫生、家庭和社区医疗的教授如此惊讶?答案就在卡莫纳似乎不可能的个人经历上。

1949年,理查德·卡莫纳出生在纽约哈雷姆区一个贫苦工薪家庭。他的父母很善良,但却酗酒。他儿童时代的一个记忆就是6岁放学回家,发现家里的东西被搬上了卡车。他们一家人被驱逐了。有整整一年的时间,他、父母和三个兄弟姊妹跟祖母,共11个人一起住在一个廉租屋里。

孩提时代,卡莫纳就对医学感兴趣,梦想成为医生,但是他的学习成绩很差。"家庭问题和饥饿令我分心",他说。六年级时,他开始逃课,情况更糟糕了。他在高中最后一年辍学了。"那是我的错",卡莫纳说,"我不去上学。我不是个坏孩子,但是我在少年犯罪的边缘徘徊。我流浪街头。"

1967年,受到贝雷帽部队的激励,卡莫纳入伍参军了。当他意识到自己需要普通教育文凭才能参加贝雷帽部队,他就拿了这个文凭。他在军队中成长起来。他作为医护人员随特种部队去了越南,在那里他赢得两枚紫心勋章和一枚铜星。军旅生涯改变了他的人生。卡莫纳说:"军队教会了我责任、负责、专注、完成任务和有效运用资源。军队给了我人生的平台。"

一个全新的人

卡莫纳用这个平台作为个人成长的起点。退伍后,他进入布卢克斯社区大学，获得专科学历。他娶了自己高中时的心上人黛安娜·桑查兹——纽约城一个警察的女儿，自从高中辍学后，他甚至被禁止约会她。卡莫纳成为一名注册护士，开始在加州大学攻读本科。他是家里的第一个大学生。

在卡莫纳人生旅程的每个阶段，他都继续奋力向前。1976年，他获得理科学士学位，然后进入医学院。3年后，他以班级第一名的成绩完成了医学院的学业，开始当实习医生。当然，卡莫纳没有停止学习和成长。他知道自己仍然没有发挥潜力，所以他完成了外伤、烫伤和急救的研究工作。然后，他搬到了亚利桑那州的图森市，在那里他创办了该市第一个外伤中心。1985年，他成为亚利桑那大学校长和图森市外伤和急救中心主任。

大多数人可能会满足于这些成就，想在这些桂冠上休息了。但卡莫纳没有这样做。除了履行自己作为教授和主任的责任，他还努力成为执行治安员、特警和消防部门的医疗主管。1998年，他又在自己的履历上添加了一个公共卫生的硕士学位。"我妻子说，我在过度弥补自己前半生没有做好的事情"，卡莫纳解释说，"我有一种补偿过去损失的心理。"

各位，他真的成功了！而他仍然在前进。接到白宫电话的五个月后，他就任国家首席医生。现在他正努力创造更大的影响力。卡莫纳说，"即使今天停止脚步，我也已经达成远远超过我期待的目标。但是我还有太多的事情想做，我看到，在我的社区里，仍然有我可以帮助改进的地方。许多人看到障碍，我看到了机遇。"

为什么他相信自己能做这么多事情，来帮助自己的社区呢？因为他每天都有更多可以给予。如果你每天追求并经历成长，就会发生这样的事情。随着你的潜力增长，你影响世界的能力也在增长。

应用与练习：每天追求并经历成长

你今天的成长决定
关于你的成长，你处于什么状况？问自己以下三个问题：
1. 我是否已经做出决定，每天追求并经历成长？
2. 如果是，我何时做出这一决定的？
3. 我具体决定了什么？（写在下面）

_____

_____

_____

_____

每天的成长自律
根据你做出的成长决定，为了成功，今天和每一天，你约束自己做的其中一件事情是什么？（写在下面）

_____

_____

_____

_____

弥补昨天
如果你需要帮助，做出承诺，成为一个每天成长的人，做以下练习：

1. 人们如何计算自己究竟有多少潜力呢？我想最好的起点是，你的梦想和强项结合处。你有什么梦想？你想成为怎样的人？你想做什么？现在，忘掉障碍，在下面写下你的梦想：

你的强项是什么？你有什么才华、天赋和技术？脑力激荡一下，写下你的回答：

现在，这两方面如何结合？这个问题的答案至少给你一个成长的方向。

2. 看看你人生中最亲近的人。你和谁度过最多的时间？写下他们的名字。

在每个名字旁边写下最恰当形容每个人的三到五个词。

这跟成长有什么关系呢？你和谁度过最多的时间，谁就对你的思想和方向影响巨大。如果你最亲密的人渴求成长并努力发挥潜力，这会激励你。如果他们对成长没有兴趣，这也会影响你。如果你的清单中不包括那些努力发挥自己潜力的人，你需要改变你的环境，和志同道合的人交往。

3. 你的成长计划是什么？我建议你采取跟我类似的计划，定期听录音课程和读书。每天至少留出一个小时，每周五天，用于成长。如果你开车时间长，你就能做得更多，在车里听录音和有声读物。此外，每年至少参加一个讲座，定期与能够指导你的人见面。记住，你要专注于你的优势区。

4. 开始建立一个归档系统。开始的时候，去寻找任何你听到或者读到的、希望从中学习和思考的东西。把它们写下来，分门别类，贴上标签，然后归档。你读的越多，你的资源就会越多。

5. 找到适合你学以致用的地方。每周花一小时回顾你的学习笔记，思考如何将这些概念、原则或实践应用于你每天生活中。如果你确实想让一个想法成为你内在基本功的一部分，就把它教给别人。要教给别人，你必须先要学会。没有比教别人更能巩固学习的了。

展望明天

花时间反省你的成长决定，和每天的自律对你的未来带来如何积极影响。有哪些倍增效应？（写在下面）

_____
_____
_____

用你所写的不断提醒自己，因为今天的回顾能激励你每天自律，每天自律能将你昨日的决定最大化。

现在，翻到最后一点建议，看看如何让你的每一天都成为杰作！

结论

让今天赢

我开始写《赢在今天》这本书的一个担心就是,执行"每日健身操"可能会把读者吓坏。在每章结尾,我都给出改进某一方面的建议,但是我知道,不可能同时做12个方面的事情。我用了40年时间,才在12个方面做出决定,养成自律!而且我仍然在不断学习中。

所以,以下是我对如何练习"每日健身操",在生活中运用的建议:

按照"每日健身操"给自己打分:看以下的"每日健身操"清单,在你做得最好的地方写"1",其次写"2",以此类推,将自己的表现从1到12打分。

态度:每天选择并展现正确的态度;　　　　　　　　分数:
优先次序:每天确定并按照优先次序行动;　　　　　分数:
健康:每天明白并遵循健康自律;　　　　　　　　　分数:
思考:每天练习并养成良好的思考习惯;　　　　　　分数:
家庭:每天关爱你的家庭,与家庭成员交流;　　　　分数:
承诺:每天做出适当的承诺并加以遵守;　　　　　　分数:

财务：每天赚取并恰当管理钱财；　　　　　　　分数：
信仰：每天加深并实践自己的信仰；　　　　　　分数：
人际关系：每天发展新的并巩固现有的人际关系；　分数：
慷慨：每天计划并实践慷慨；　　　　　　　　　分数：
价值观：每天信奉并实践良好的价值观；　　　　分数：
成长：每天都追求并实现成长。　　　　　　　　分数：

验证你的自我评价：跟一个了解你的朋友谈谈，让他或她确认你对自己的评估。如果你的朋友对你的优缺点的评价与你不同，讨论一下你们的分歧之处，相应做出调整。

挑选两个强项：从你的前六个强项中挑选前两个来下工夫。确保你已经在每个方面做了必要的决定，然后开始每天在这一方面进行自律，使之成为你生活的一部分。如果愿意，本章后面的练习可以帮助你。

挑选一个弱点：从你的六个弱项中挑选一个来下工夫。确保你已经在这方面做出了决定，开始每天实行相应的自律。

重新评估：六十天以后，重新评估你下工夫的三个方面。如果你在某个方面取得重大进步，就去到新的方面。如果某个方面仍然需要更多努力，在接下来六十天里，继续专注于这方面。但是同一时间，不要在超过三个方面下工夫。永远不要同时在超过一个弱项上下工夫。

重复：不断在这些方面努力，直到你完全掌握了所有12项"每日健身操"。

一旦你做出了所有的重要决定，每个自律都成为你生活中的一个习惯，那么"每日健身操"就成为你的第二天性。当这些自律融入你的生命中，你就能够将今天变成你的杰作。当你这么做到了，明天自然就不用你发愁了。